我的第一本

趣味

生物书 第2版

曲相奎◎编著

中国纺织出版社

内 容 提 要

本书将带你走进妙趣横生的生物世界，让你了解生动有趣的生物知识。书中讨论了各种看似简单却又蕴含着丰富知识的题目、引人入胜的故事、争论不休的难题、鲜为人知的奇谈怪论，以及日常生活中所隐含的生物知识。本书从中小学生感兴趣的话题出发，集知识性与趣味性于一体，给读者送上一盘充满趣味的生物学大餐。通过阅读和学习这本书，你将成为让伙伴们羡慕的小生物学家。

图书在版编目（CIP）数据

我的第一本趣味生物书 / 曲相奎编著. —2版. —北京：中国纺织出版社，2017.1 （2022.6重印）
ISBN 978-7-5180-1001-1

Ⅰ.①我… Ⅱ.①曲… Ⅲ.①生物学—青少年读物 Ⅳ.①Q-49

中国版本图书馆CIP数据核字（2014）第225168号

责任编辑：胡 蓉　　特约编辑：徐 静　　责任印制：储志伟

中国纺织出版社出版发行
地址：北京市朝阳区百子湾东里A407号楼　邮政编码：100124
销售电话：010—67004422　传真：010—87155801
http://www.c-textilep.com
E-mail：faxing@c-textilep.com
中国纺织出版社天猫旗舰店
官方微博http://weibo.com/2119887771
三河市延风印装有限公司印刷　各地新华书店经销
2012年6月第1版
2017年1月第2版　　2022年6月第3次印刷
开本：710×1000　1/16　印张：12.25
字数：110千字　定价：36.00元

亲爱的小读者：

你知道人类为什么直立行走吗？

世界上是先有鸡还是先有蛋？

细菌是人类的朋友还是敌人？

金蝉脱壳展翅高飞的奥秘是什么？

许多动物家族为什么要群居？

森林医生啄木鸟为什么不会得脑震荡？

鱼类为什么像张飞一样睡觉？

世界上真的有吃人的植物吗？

凶残动物为什么有仁爱的慈母心肠？

恐龙到底是怎么灭绝的？

……

生物科学是一门研究生命现象和生物活动规律的科学。如果你仔细琢磨大千世界的生物，就会发现它们不但具有无穷的魅力，而且很多生物还和我们的衣食住行联系在一起。让我们打开这本《我的第一本趣味生物书（第2版）》

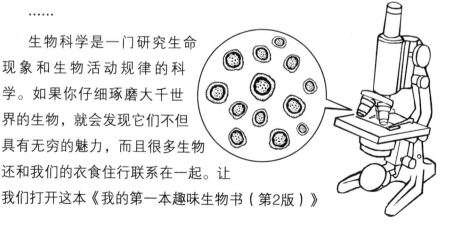

一起来探索它们的奥秘吧。

大千世界生物多种多样，这激发了人们积极探索的兴趣，它们各自不同的属性又向我们提出了新的挑战。

地球上现存的生物估计有200万~450万种，已经灭绝的种类更多，估计至少也有1500万种。了解它们，研究它们，无疑成为人类共同的愿望。

随着现代科技的发展，生物学也得到了极大的发展，从细胞、分子到遗传学形成了完整的生态学体系。21世纪，生物学科必将起到先导的作用，同时，人们预测，21世纪是生物科学的世纪。在未来的人类社会里，生物学科一定会对社会的经济发展起到其他学科无可替代的作用。

本书第1版受到了广大小读者的喜爱，《我的第一本趣味生物书（第2版）》在保留第1版全部优点和特色的基础上，又对全书内容进一步完善，修改了一些配图，并对内文的版式进行了重新编排，使内容更鲜活生动；对一些表述进行了字斟句酌、反复推敲，使全书的可读性、易读性进一步提高。

本书从中小学生能直接产生兴趣的话题出发，集知识性与趣味性于一体，给读者送上一盘充满趣味的生物学大餐。书中讨论了各种看似简单却又蕴含着丰富多彩知识的话题、精彩的对白、引人入胜的故事、争论不休的难题、鲜为人知的奇谈怪论，以及日常生活中所隐含的生物学知识，我们都能在这里找到出人意料的答案。它将带你走进妙趣横生的生物世界，让你了解生动有趣的生物科学知识。通过阅读这本书，你将成为让伙伴们羡慕的小生物学家。

编著者

2016年1月

目 录

第1章　奇妙探索

　　神奇的生物世界，每时每刻我们都能感受得到。自从人类诞生以来，我们用眼来观察这个生物世界，用智慧来开启这个生物世界。作为生物界的领军人，人类无时无刻不在积极地探索着其中的奥妙。本篇以人类的进化为起源，引领读者以点带面，去了解生物界中千奇百怪的奇妙知识，从动物到植物，展现给你鲜为人知的奥秘。

直立行走——人类进化的里程碑

企望中学一年级少年生物小组在科学教师崔老师和生物教师曲老师的帮忙筹划下，终于成立了。作为学习委员的丛小智责无旁贷地担当了组长。要说小智，从幼儿园开始，就对生物这个学科特别有兴趣，随着年龄的增长，简直到了痴迷的程度。担当生物小组的小组长之后，就更有施展的机会了。

小智向两位老师主动请缨，没出三天就拿出来一个学期的活动计划。接下来就让我们随着小智的计划书来了解生物界大家都感兴趣的话题吧！

人类为什么直立行走是个不解之谜，一直令人很费解。小智和同学们查阅了大量的生物学资料，将这个未解之谜展现在了大家的面前。

曾有人说，在一群猴子中，有一只猴子属于另类，从树上跳下来，站起来用两条腿走路，其他猴子嘲笑它，这只猴子却坚持直立而行，最后它进化成了人……这种说法只能归于传说故事，并没有足够的证据证明它的可信度究竟有多大。

可人们又确实想不明白，那些古猿千万年都四脚着地，走得好好的，为什么要直立起身躯，将原本身手自如的俯行改为挺胸抬头的直立行走呢？要说明白这件事，还得从人种古猿优秀的大脑讲起。

我们知道人种古猿很特别，它们与其他灵长类最大的区别，就是它们拥有优秀的大脑禀赋。不过还要说明一下，人种古猿最初的大脑，虽然外表看起来很好，像一只碗一样，看上去又大又端正，但里面却几乎是空的，没装什么东西，就像是一只空碗。在人种古猿向人类进化的漫长历程中，它们的感官反应加强了，行为能力复杂了，生活体会丰富了……这些从客观现实到主观世界的一切认识反应，对人种古猿的大脑刺激由少到多，积累了大量的智慧能源。于是，当初一片空白的大脑，历经世代繁衍遗传，变得越来越有内容了。用碗来比喻大脑的话，就是碗里装的东西越来越多了。脑能量增大了，还出现了大脑沟回，脑神经逐渐发达、脑供血增加等一系列改变。于是人种古猿由原来的俯行，逐渐开始向直立行走过渡，因为供血量已经增加了的大脑，如果再低头俯行，就会感到头昏脑涨，眼花气闷。唯有把头颅抬起来，挺直了腰身，才会感到神清气爽，周身自在。

由此可见，地球上并不是凭空就出现了一个能直立行走的生命种类。人种古猿之所以要直立行走，主要源于它们脑体供血关系的改变，以及越来越严重的俯行不适感。特别是当它们快跑和远距离行走时，如果期间不站起来直直腰，清醒一下头脑，简直难以忍受。

由最初的偶尔直立腰身，到俯行一会儿再试着直立走几步，直到最后彻底抬高头颅直行——从大脑的改变到全身的配合，这中间仍然是一个漫长历史岁月的积累。如果人种古猿当初不管头昏眼花，坚持低头哈腰地俯行，就不会有后来的人类了。可一旦它们骄傲地把腰脊挺直，就会越挺越直，永远地告别了四脚着地的年代，并且从此把行进的任务交给下肢，退化了上肢支撑身躯的功能，这样就能腾出两只手来，专门去从事灵巧性的事务了。总而言之，直立行走是人类进化史上出现的一道重要的分水岭，开启了生物进化的里程碑。

生物小链接

直立人是大约20万到200万年前，最早在非洲出现的。也就是所谓的晚期猿人，懂得用火，开始使用符号与基本的语言，直立人能使用更精致的工具。

争论不休——先有鸡还是先有蛋

小智的生物小组在开学第三天的下午，就掀起了一场轩然大波，这风波是由一个古老的话题引起的。事情是这样的：中午学校的食堂做了孩子们都喜欢吃的两个菜，一个是西红柿炒鸡蛋，另外一个是红烧鸡块。小明和小欣边吃饭边讨论"先有鸡还是先有蛋"的问题，弄得脸红脖子粗的，两人午饭都没吃好。下午课程一结束，他们就找到组长小智，小智摇了摇脑袋，也是一脸迷茫。于是，他们只好打开电脑，开始搜索有关这方面的证据。

"先有鸡还是先有蛋"的问题，是长期争论不休又一直没有明确答案的问题。实际上，蛋的出现比鸡的出现早得多，因为早在2亿8千万年前的二叠纪，爬行类就出现了，爬行类（如鳄、恐龙等）都会下蛋，而鸟类的出现是在1亿8千万年前的侏罗纪，鸡的出现就更晚了，但有关"先有鸡还是先有蛋"实际上问的是鸡和鸡蛋谁先谁后的问题。

查阅了资料后，小明还是不依不饶："鸡生蛋、蛋孵鸡，你若说鸡先出现，那么没有蛋，鸡又怎么孵出来的？"小欣也自信地说："你若说蛋先出现，那么没有鸡又是谁下出来的蛋？"

先有鸡还是先有蛋？

于是，组长小智从大量的资料中提炼出自己的观点，有理有据地做了如下的论述：根据进化论的观点，鸡和鸡蛋不存在谁先谁后的问题。鸡作为鸟纲中的一个物种，是从原始鸟类分化而来的，而鸡蛋是鸡的受精卵（指可以繁育出小鸡的鸡蛋）。鸡这个物种形成的漫长历程，就是原始鸟类向鸡进化的过程。

在鸡的进化过程中，有三个因素，即变异、遗传、自然选择。"鸡"生蛋（原始时还不能称为鸡），蛋生"鸡"，两代之间并不是完全相同的，同一亲代所生的子代总有差异。也就是说，一个"鸡"可以下许多蛋，但不是所有的蛋最后都能孵出来小鸡。在生存斗争中，具有有利变异的个体得到最好的机会保存自己，而有利与无利是由大自然决定的，鸡的形成正是由于大自然逐渐保留了它们善奔走、地面活动多、飞翔能力差等变异特征，逐步从原始鸟类中分化出来。显然，其中遗传起着保持巩固变异的作用，通过遗传使变异得到积累。

经过长期的、一代一代的"鸡"到蛋、蛋到"鸡"的过程，在自然选择的作用下，物种的变异被定向地积累下来，产生物种的分化和新物种的形成，"鸡"就慢慢地进化形成了，鸡蛋也跟着进化出来，这是一个几百万年的历程，决不可硬分"鸡"和"鸡蛋"出现的先后问题。

听了以上这些解释，小明和小欣才恍然大悟：哦，原来是这么回事呀。

生物小链接

鸡是从其他物种进化来的，在进化的过程中，蛋作为鸡的初期阶段，当然也继承了这些进化的东西。有些东西在进化过程中没有明显的界线，你无法区分出哪一个是世界上的第一只真正意义上的鸡，那么你又如何区分哪个是真正意义上的鸡蛋呢？这样的问题和先有人还是先有人类的胎儿是一样的。

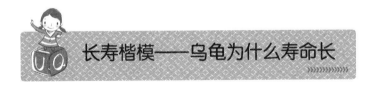

长寿楷模——乌龟为什么寿命长

下午的课外活动，同学们来到了学校的假山水池边。也不知是谁说了一句："你们看，水池中好像有只大乌龟呀！"大家都知道他在说谎，可是，却引出了关于乌龟长寿的话题。"千年的王八，万年的龟。"也不知道谁又说了一句。于是大家七嘴八舌地问小智："你口口声声说自己是生物专家，那你告诉我们，乌龟为什么能活好几百岁，而人却不能？"这一下还真把小智问住了，虽然谁都知道乌龟寿命很长，可是究竟为什么，没人知道，小智也真的不知道。

大家看着小智尴尬的样子，都偷着乐，弄得他一脸的不好意思。这时候，一个声音从假山后面传过来说："什么问题把我们的小智也难住了？"小智好像发现了大救星一样，连忙说："崔老师，你来的太是时候了。"崔老师笑呵呵地告诉了大家答案："因为乌龟慢，它走得慢，活得也就慢。"

崔老师接着向同学们解释：民间有一句俗语，叫作"千年的王八，万年的龟"，虽然说法有些夸张，但乌龟长寿却是不争的事实。在我国的许多古籍文献中，有关几百岁的长寿龟的记载不胜枚举；在现实生活中，"千年龟"虽属罕见，但两三百年的乌龟，在世界各地确实是屡见不鲜。

乌龟长寿的秘密可以用两个字来概括——节能。一般来说，乌龟节能的方法有以下几种。

1. 活动慢。慢是乌龟延寿的一大方法，正因为它们行动缓慢，新陈代谢也就慢了下来，这本身就是一种极高的"节能术"。

2. 食物要求低。乌龟对食物的需求不高，食性广，不挑剔，当饮食来源匮乏时，乌龟能通过"生物钟"使自己新陈代谢明显减弱，以减少体内养料的消耗。

3. 睡觉多。乌龟睡眠时间非常多，只要温度低到一定程度就会进入冬眠状态，减少能量消耗。

4. 独特的呼吸方法——龟息法。乌龟没有肋间肌，它的呼吸为口腔下方一升一降的动作，且头、足一伸一缩，肺也就一张一收，这种呼吸方法被称为"龟息"。与人类的呼吸相比，这种"龟息法"也是一种节能的呼吸方式。有一种气功，正是模仿这种"龟息"动作，太极拳中也有"龟息"动作。

5. 乌龟极少生病。目前只发现在人工饲养条件下由于技术不过关而使乌龟患的几种病。在野外，乌龟很少生病。一是乌龟有晒太阳的习性，能杀死一些可能致病的病原；二是乌龟的淋巴系统特别发达，免疫能力极强。

另外，有人研究发现，乌龟的细胞繁殖代数特别多，乌龟在运动中心脏跳得慢，它离体的心脏能整整跳动两天，这些无疑也是乌龟长寿的"妙招"。

总而言之，乌龟通过各种方法来减少能量损耗，从而延长自己的寿命，这种养生方法运用到人类身上，我们给它起了一个名字，叫作"节能养生"。事实上，节能养生已有不少人在实践了，比如季羡林先生，他活了98岁，还差两年就百岁了。他晚年主张"三不"养生法，即不锻炼、不挑食、不嘀咕，就是节能养生的最好阐释，做到了身体上和精神上的节能。当然，每种养生方法各有利弊，至于哪一种方法更为科学，还需要专家进一步的论证。少年儿童正处于生长发育期，应该多参加体育锻炼，增强体质。

生物小链接

在动物世界里，寿命最长的应该首推龟了，所以龟有"老寿星"的称号。科学家们认为，龟类是一种用来研究人类长寿的极好的动物模型。因此进一步揭开龟长寿的奥秘，对研究人类的健康长寿将有很大的启示。

人的寿命——世界人口老龄化进程

开学一周后的一天早上，小智起来，翻看了一下桌子上的日历，一个平时不太在意的名词跃入他的眼帘——九月初九，重阳节。小智不太明白了，多大年龄的人过这个节日呢？

带着疑问来到学校，下午第一节课是生物课，曲老师说："今天是重阳节，又叫'敬老日'，我们今天主要讲这样一个话题——重阳节趣谈人的寿命。"于是，曲老师打开了话匣子，开始滔滔不绝地讲解。

我国把农历9月9日定为"敬老日"，提倡尊敬老人，让他们安度晚年，生活更加快乐幸福。那么，多大年纪就称为老人了呢？一般来说，现在人的平均寿命是70多岁，60岁以上的人就称为老人了。但是，根据科学家研究，一个人全身的细胞总数约有一百万亿个，这些细胞从胚胎开始，平均每两年半左右分裂一次，分裂50次以后便自行衰亡。照这样计算，人的寿命应为120岁。在我国历史上就有过150岁老人的记载，而根据《吉尼斯世界之最大全》，世界上享年最高的老寿星是日本国鹿儿岛县的泉重千代，活了120岁零237天。

可是，为什么大多数人七八十岁便去世了？能不能运用生物及化学方法减缓衰老，使人的寿命再延长50年呢？

现已查明，引起衰老的原因很多，除社会上的外部原因外，内部原因主要是细胞退化、酶失掉活性、内分泌和免疫系统功能下降等。大家都知道，细胞是人体最基本的生命单位，它在日常的生化反应中产生一些有氧化作用的自由基和某些氧化性的酶。这些氧化性物质会把细胞核中贮存遗传信息的DNA双螺旋链氧化断裂成一些单链片断，使遗传信息在翻译和转录过程中发生错误，导致子代细胞功能下降。生物化学家们发现，防止衰老的一个有效方法是适当地吃些维生素 E，因为它有抗氧化作用。他们还发现，吡喃共聚物、葡萄糖、卡介苗和脂质A等能激活人体内的巨噬细胞，增强它吞食病毒和细菌的能力，提高免疫系统的功能。

此外，内分泌系统与人的衰老密切相关。科学家发现，人体内的重要器官（如大脑、心脏和肝脏等）不一定随着年龄的增加而退化。生理学理论认为，只要人体内能保持激素系统分泌的平衡，就不会受到死亡的威胁。然而，如何能保持人体的内分泌平衡，至今仍是不解之谜。

为了揭开长寿的秘诀，首先应搞清胸腺和肾上腺激素与人衰老的关系。胸腺位于人的胸腔内，它随着婴儿的出生而生长，新生儿的胸腺大约只有12~15克，到性成熟时增至40克左右。此后又随着年龄的增长而逐渐衰退，最后完全失去功能。胸腺对人的寿命有何作用尚有待研究。肾上腺分泌的几种激素对人体维护正常生理功能作用重大，科学家推测导致衰老和死亡的主要因素可能与肾上腺激素有关，关于这方面的相关知识正在努力探索中。

同学们，生命科学领域内，还有那么多的未解之谜等待你们去探索，希望有一天长寿的秘密被你们揭开，人类必定能找出避免或延缓衰老的方法，延长寿命。到那时，现在所谓的老人不过只是朝气蓬勃的青壮年。

曲老师的话音一落，立刻博得了同学们的一片掌声。

生物小链接

世界人口老龄化，指世界总人口中因年轻人口比例减少、年老人口比例增加而导致的老年人口比例相应增长的动态变化趋势。其中包含两个方面的含义：一是指老年人口相对增多，在总人口中所占比例不断上升的过程；二是指社会人口结构呈现老年状态，进入老龄化社会。国际上通常的说法是，当一个国家或地区60岁以上老年人口占人口总数的10%，或65岁以上老年人口占人口总数的7%，就意味着这个国家或地区的人口处于老龄化社会。

植物五官——眼耳鼻舌身

　　曲老师曾经给同学们讲过这样一个故事：美国一位学者对大豆播放"蓝色狂想曲"音乐，20天后，"听"音乐的大豆苗重量竟然高出未听音乐的1/4。这个实验证明，植物虽然没有耳朵，但它们的听觉能力也不比人差多少。同学们都不太相信这个事实，于是，曲老师将这个实验的验证任务交给了生物小组。

　　聪明的小智冥思苦想，同时发动小组的骨干小明和小欣等，积极想办法，最后大家一致认为，就从曲老师给大家讲的故事入手，美国人用大豆苗做实验，咱们用绿豆苗做实验。为此，小智还把自己家的立体声音乐唱机搬到了学校，在曲老师的帮助下，大家亲自动手种豆芽菜(就是将绿豆用水浸泡后，在适当的温度下，让绿豆生出芽子来)。不到四天时间，每天"听"音乐的绿豆芽果然长势喜人，而没"听"音乐的绿豆芽只是长出来小小的一段芽子。同学们都来到实验室，七嘴八舌地议论："究竟是怎么回事呢？"

　　于是，曲老师用生物学的观点阐述了这个问题，其实植物不但能"听"懂音乐，而且它也和动物一样，有自己的"五官"。

　　许多植物都具有一双慧眼，特别是它们有强大的"识"光能力，都知道日出东山、夕阳西下的自然规律，从而把握了自我开花和落叶时间，如牵牛花天刚亮就开花，向日葵始终朝阳。植物不仅能"看见"光，还能感觉出光照的"数量"和"质量"，如某些北方良种引种到南方，颗粒不收，就是因为植物

的"眼睛"对各地的光线不习惯的原因。植物的"眼睛"对光色也非常敏感，不同植物可识别不同光线，以促进自身的生长和发育。植物的"眼睛"原来是存在于细胞中的一种专门色素——视觉色素，植物凭借这种"眼睛"，从根到叶尖形成完整而灵敏的感光系统，对光产生既定反应，如花开、花合、叶子向左向右、变换根的生长方向等。

大家还知道，植物基本上靠根吃饭，就是养分的吸收靠根来汲取；还有靠"口"吃饭的植物，食虫植物或称食肉植物便是这类植物。这些植物的叶子非常奇特，它们形成各种形状的"口"，有的像瓶子，有的像小口袋或蚌壳，也有的叶子上长满腺毛，能分泌出各种酶来消化虫体。植物靠"口"捕食蚊蝇类的小虫子，有时也能"吃"掉像蜻蜓一样的大昆虫。它们分布于世界各地，种类达五百多种，最著名的有瓶子草、猪笼草、狸藻等。

植物还有嗅觉灵敏的特殊"鼻子"呢，当柳树受到毛虫咬食时，会产生抵抗物质，3米以外没有挨咬的柳树居然也产生出抵抗物质。这是为什么？原来，植物有特殊的"鼻子"，当被咬的树产生挥发性抗虫化学物质后，邻树的"鼻子"能及时"嗅"到"防虫警报"，知道害虫的侵袭将要来临，于是就调整自身体内的化学反应，合成一些对自己无害，却使害虫望而生畏的化学物质，达到"自卫"的目的。

更为神奇的是，植物还具有相当特殊的"舌"的功能，它能"尝"出土壤中各种矿物营养的味道，于是它可以选择性地"吃"自己喜欢的矿物质，多"吃"有利营养元素。如海带主要吸食海水中的碘元素。植物的"舌"功能选择性非常强，如果"吃"了自己不喜欢的矿物质就会表现出奇形怪状。例如蒿在一般土壤中长得相当高大，但如果"吃"了土壤中的硼就会变得非常矮小。植物将土壤中的矿物元素或微量物质浓集到体内称为"生物富集"的现象。科学家们通过生物富集现象可以找到相应的地下矿藏，也就是植物探矿。如今，植物探矿已成为寻找地下矿藏的重要手段之一。

讲到这里，曲老师接着说，生物科学的研究工作常常得到植物"五官"功能的启发，相信在不久的将来，生物"五官"的功能一定会应用得越来越广泛。

生物小链接

有些植物在生长过程中很聪明，它们似乎能思考，能对自己的生长发育作出合理计划。植物也有思想，科学家认为，植物群能够审慎地考虑它们的生存环境，预测未来，征服领地和敌人，有时候让人觉得它们有未卜先知的神力。

养精蓄锐——动物为何要冬眠

小明最近上学总迟到，而且课堂上经常打瞌睡，说话也语无伦次的。原来是他的父母最近都出差了，他在家，每天上网玩游戏到午夜。于是，上学迟到、上课打瞌睡是理所当然了。

一连三天，小明都在课堂上呼呼大睡，不知道是谁在背后说："看来小明提前开始冬眠喽！"一提起"冬眠"，大家七嘴八舌地议论开了："人怎么可能冬眠呢？""是不是小明退化了，向动物学习呢？"在大家讨论得不可开交的时候，崔老师走进了教室，小智马上让大家安静，让崔老师具体讲一讲关于冬眠的话题。

崔老师清了清嗓子对大家说：冬眠是动物为了保持体内能量、避免冻饿的一种适应环境的方式。科学家指出，动物在冬眠过程中，能减少身体98%的代谢活动。

有冬眠习性的动物每年有4~6个月是处在接近死亡状态的。比如极地松鼠在冬季开始时，身子缩成一团，体温从正常的36℃慢慢降到2℃左右，三四小

时后，心跳由350次/分钟减到2~4次/分钟。冬眠的动物都具有神奇的本能，它们在越冬以前就采取了御寒措施。例如有超级"冬眠家"称谓的旱獭，冬眠时会在土中挖出一个共同使用的洞窟作为寝室，洞窟犹如一条长廊，能容纳十几头冬眠的旱獭。而极地松鼠却选择弯曲的地方，挖一个和自己身体一样大小的"冬宫"。刺猬冬眠时还要穿上"棉衣"，就是让自己带刺的硬毛上覆满厚厚的枯叶。至于蝙蝠，它们总是寻找岩穴作为冬眠的场所，因为那里的环境比较潮湿，否则它们会因干渴而死亡。有趣的是，它们可以用双爪抓住岩石，倒挂着身子度过整个冬天而不会掉下来。

一些昆虫是靠蛰伏越冬的，可是大部分昆虫到了冬季都要死亡。为了传宗接代，它们一般把虫卵藏在蛹壳里面，让后代免遭严寒的伤害。例如，有一种夏季出生的包心菜粉蝶，在七八月间就开始找一些隐蔽温和的地方产卵，让后代能够以蛹的方式度过严冬，待来年天气变暖时，新一代菜粉蝶就从蛹壳里爬出来，继续它们的生命历程。

鸟类中也有冬眠的，例如有一种夜鹰在冬季的三个多月里处于熟睡状态，这期间，它的新陈代谢变慢，甚至用听诊器也听不到它心跳的声音。

有人认为任何冬眠的动物都是整个冬天熟睡不醒的，其实不然，它们每隔一段时期，即会苏醒过来，活动几个小时，此时它们的体温会恢复正常。旱獭就是这样，它们约睡三个星期后，便苏醒过来，排一次尿和粪便，如果外界气温太低，它们也会中止僵眠状态。地松鼠冬眠时，也每隔半个月醒来一次，而蝙蝠却能一觉睡上30~40天。这种周期性的苏醒，对动物的生存来说是必要的。

崔老师说到这里，拍了拍还睡眼惺忪的小明说："你一定是晚上没睡好觉，从今天开始不许再玩电脑游戏了，要好好休息，调整两天就好了。"听了崔老师的话，小明不好意思地眨了眨眼睛，同时在心里告诉自己说："真不能再这样玩下去了，大家都把我说成冬眠的动物了。"

生物小链接

动物冬眠的时间长短不一。西伯利亚东北部的东方旱獭和我国的刺猬，一次冬眠能睡上200多天，而苏联的黑貂每年却只有20天的冬眠时间。动物不止冬眠，有些动物还可以夏眠。

冬虫夏草——到底是虫还是草

　　自从崔老师的一堂冬眠课之后，小明再也不上网玩游戏到很晚了。第三天晚上，爸爸从云南出差回来了，小明伸了伸舌头，做了个鬼脸，心里庆幸："真是太悬了，要是还像前几天那样，爸爸知道了，一定有我好受的。"

　　写完作业的小明，缠着爸爸问："给我带回来什么好东西了？"爸爸看着儿子说："自己去找找。"于是，小明倒腾出来一大堆好吃的不说，还有几个自己平时没有见过的当地的旅游纪念品，让他爱不释手。有一样东西让小明觉得很莫名其妙，说它长得像东北的人参吧，还有满身的绒毛，似乎是活的。小明望着这个小家伙，一头的雾水，平时喜欢研究生物的他，缠着爸爸问："这个是什么东西呀？"爸爸说："它叫冬虫夏草。至于它为什么叫这个名字，它属于动物还是植物，这里面的学问可大了。想听吗？那爸爸给你讲一讲。"于是，爸爸打开了他的话匣子：冬虫夏草，顾名思义，冬天是"虫"，夏天是"草"，它是一种昆虫与真菌的结合体。昆虫类是指它属于蝙蝠蛾科蛾子的幼虫；真菌就是虫草真菌。它实际上是真菌在虫体内寄生繁衍的结果。

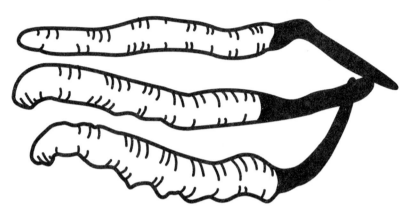

　　每年盛夏，在云南、西北等省区海拔3000米以上的高寒山区，冰雪消融，百花盛开，一派生机勃勃的景象。此时，身体瘦小、一身花纹的蝙蝠蛾翩翩起舞，把成千上万个蛾卵产在各种花上或叶上。不久，蛾卵发育成幼虫，顺着花草的茎秆爬进潮湿疏松的土壤里。蝙蝠蛾的幼虫依靠吸吮花草根茎上的营养生存，直至把身体滋养得洁白而肥胖。正当它们"酒足饭饱"、四处游荡时，虫草真菌的孢子开始向它们发起进攻了，孢子一旦遇到蝙蝠蛾的幼虫，就毫不犹豫地钻入虫体寄生。当然，如果幼虫吃了感染这类真菌的树叶，也同样会被真菌寄生。冬季，被寄生的虫钻入土中，菌丝也在幼虫体内继续蔓延生长，分解幼虫体内的各种组织和器官，从中吸取营养，逐渐形成菌核。而幼虫则日渐衰弱，最后移向地面变僵而死，这便是"冬虫"。寄生在死虫体内的真菌不断滋长，充满了整个虫体。第二年的春天，菌丝冲破死虫的头部伸出地表。待初夏万物复苏之际，虫体头部的菌丝已长成一个高3～5厘米的茎，顶部有菠萝状囊壳的紫红色小草，这便是"夏草"。

　　那紫红色的小草实际是真菌的子实体，上端的膨大部分称为子座，其上的子囊中有许多的子囊孢子。孢子随风飘散，当落到蝙蝠蛾幼虫的身上时，就会重演前面的过程。

冬虫夏草的体内含有虫草酸、维生素、生物碱、多种氨基酸等成分，具有补血补气、健身强体等功能，被中医尊为"功效和人参相当"的"上药"。最近的研究还表明，冬虫夏草中的虫草素有抗癌细胞增生的功能。

生物小链接

冬虫夏草，是真菌冬虫夏草寄生在蝙蝠蛾科昆虫幼虫尸体的复合体，是一种传统的名贵滋补中药材，有调节免疫系统功能、抗肿瘤、抗疲劳等多种功效。主要分布在青海、西藏、四川、云南、甘肃、贵州等地的高寒地带和草原。

身体时钟——免疫功能的保护神

小明的爸爸自从出差回来就发现，小明每天晚上草草完成作业，然后倒头就睡。富有经验的爸爸立刻就想到，一定是小家伙趁着我们都出差了，没日没夜地玩电脑造成生物钟紊乱。哎，睡吧！等他恢复两天一定给他讲讲这个道理。

小明还是整天昏昏沉沉地上学放学，第三天，妈妈从北京开会回来了。三口人坐在饭桌前，爸爸半开玩笑地问小明："怎么样？还睡不够吗？"小明一看事情再也隐瞒不住了，于是就将前段日子自己的生活习惯一股脑儿地和爸爸妈妈说了，最后说："这究竟是怎么回事呢？请爸爸告诉我吧。"爸爸说："这个问题你得问咱们家的专家呀，你怎么忘了你妈妈这次去开什么会了？""哦，对了，妈妈是开全国生物时钟研讨会去了。"小明一拍后脑勺说："我知道了，这是生物钟紊乱造成的，对吗？亲爱的老妈！"

"对呀，儿子，妈妈给你介绍一下人体的生物钟。"于是，妈妈仔细地给小明讲起人体的生物钟。

人体生物钟又称生理钟，它是生物体内的一种无形的"时钟"，实际上是生物体生命活动的内在节律性，它是由生物体内的时间结构顺序所决定。人体的正常生理节律发生改变，往往是疾病的先兆或危险信号，利用人的心理、智力和体力活动的生物节律，来安排一天、一周、一月、一年的作息制度，能提高工作效率和学习成绩、减轻疲劳、预防疾病、防止意外事故的发生。反之，假如突然不按照体内生物钟的节律来安排作息，人就会身体感到疲劳、精神感到不适。

人体生物钟大致分三类：昼型、夜型、中间型。昼型表现为凌晨和清晨体力充沛，精神焕发，记忆力、理解力最为出色。夜型，是一到夜晚脑细胞特别兴奋，精力高度集中。中间型介乎前两者之间，清晨和上午学习、工作效果最好。古今中外很多名人都是利用了生物钟，使自己的才智得以淋漓尽致地发挥。学生正处在身心发展时期，不管生物钟是什么类型，应当取得这样一个共识：上午8点开始，要进入学习状态，持续4个小时。每天早上6点钟后洗漱、吃饭、上学，等到上完一天课后，恐怕会忍不住昏昏欲睡了；如果你过分强调夜型特点，非通宵达旦玩电脑不可，等太阳升起来，你却要倒在床上睡觉了。

　　我们知道，睡眠对于大脑健康是极为重要的。睡眠是消除大脑疲劳的主要方式。未成年人一般需要8个小时以上的睡眠时间，并且必须保证高质量。如果睡眠时间不足或质量不高，大脑的疲劳就难以缓解，对大脑就会产生不良的影响，严重的可能影响大脑的功能。如果长期睡眠不足或睡眠质量太差，就会严重影响大脑的机能，本来是很聪明的人也会变得糊涂起来。有很多青少年患上了神经衰弱等疾病，很多时候就是因为严重睡眠不足引发的。一个人的一生，有1/3的时间是在睡眠中度过的。正常的睡眠，可调节生理机能，维持神经系统的平衡，是生命中重要的一环。睡眠不良、不足，第二天就会头昏脑涨、全身无力。睡眠与健康、工作和学习的关系甚为密切！

　　要保证良好的睡眠，我们要从以下几个方面做起：首先，要保证睡眠时间，成年人一般是6～7个小时，而少年儿童每天的睡眠一定不要低于8个小时。只有睡好觉，才能学习好。睡好觉并不会妨碍学习，睡眠时间必须保证；

其次，要顺应生物钟，如果我们每天准时起床，定时去迎接每天早晨的阳光，那么你的生物钟就会准时运转。青少年要养成良好的睡眠习惯，这是最重要的。生物钟是不能轻易破坏的，千万不要在星期六、星期天晚上不睡，白天不起，造成自己的生物钟紊乱。

小明听了妈妈的话，豁然开朗，蹦蹦跳跳地出去玩了，还回身说了一句："我要通过锻炼来重新调整我的生物钟，以后一定不再干这样的傻事了。"

生物小链接

牛奶中含有一种成分，具有催眠、镇静作用，因此睡前喝一杯牛奶，既可补充营养，又有助于睡眠。

特异功能——动物可以预报地震

下午的科学课是一堂讨论课，主要讨论的题目是动物与自然环境的关系。崔老师给大家布置的题目是：动物可以预报地震吗？并给了以下资料要大家来学习和讨论。

1975年2月4日，辽宁海城发生了7.3级强烈地震，震前许多动物发生了反常现象。据查，震前三个月内冬眠蛇出洞的现象达82起；当天日落时，一只黑母鸡飞到了树上，全村人看到鸡飞上树，认为快要地震了，果然，过了半小时就发生了地震。1976年，唐山地震前，深夜一点钟，一户人家养的鸽子全部惊飞出窝；有一条狗说什么也不让主人睡觉，主人赶走了它，它又跑了回来，还咬了主人一口，主人追了出去，过一会儿就地震了。2008年5月12日，四川汶川发生大地震，大量动物的反常行为也揭示了地震的前兆。

同学们看着这些资料，非常踊跃，去隔壁的图书馆搬来了好多资料，大家你一句我一句，争论得面红耳赤。小明说："可以预报。"小刚说："那地震局不就形同虚设了吗？"最后，小智说："还是听崔老师给我们说说吧！"

崔老师按照大家所提的条件和得出的结论，最后阐述了他的观点：世界上，只要是有地震出现，大震前出现异常行为的动物可达数十种，其中最常见的有鸡、猪、牛、马、狗、猫、鼠、鱼、蛇、鸽等，大多是"惊恐性"反应，表现为极度紧张、惊惶不安。如鸡飞上树、牛马不进圈、冬眠动物会不适时地爬出洞穴等。这些现象大多出现在临震前些日子，但大震前一天内出现的异常现象最多，按出现异常现象先后次序来看，大体上先是蛇鼠等穴居动物，然后是鸡、猫、狗等小动物，最后是猪、牛、马等大家畜的惊恐反应。

那么，为什么地震前动物会有这些异常表现呢？这些现象主要来自地震前的声波发射等机械刺激、地气味的化学刺激和震前电场、电磁波和空气离子等变化因素对动物的异常刺激反应。因为动物具有极其复杂而敏感的环境变化感知系统，如狗的嗅觉对某些气体的敏感程度比人高出100~10000倍，能优先于人探测到临震前由地下释放出来的某些气味。临震前的某些地球物理和化学前兆因素，附近环境中的某些动物首先觉察而产生相应的异常反应。有些动物如猫、鸡、鼠、蛇、鱼等可能是由于察觉到人所听不到的前兆地声而表现异常。蛇的低音波接收能力很强，这种类似春雷般的地声低频振动能将冬眠动物唤醒，使它们纷纷爬出洞穴。

那么哪些动物震前反应明显？根据地震区的调查表明，鼠、鸟、狗、猪、鸡、猫、羊、鱼等几种动物震前反应明显，占异常动物总数的70%~80%以上。震中区尤其以鼠、鸟、狗的反应最大。

常见动物的异常大多数集中出现在临震前一天之内，大牲口、鸟、狗、猪、鸡、猫等的异常反应时间为震前的两三天。这对于临震预报有一定的参考价值。

崔老师接着说：利用动物异常预报地震，要考虑到动物的种类多、数量大、出现时间集中和地区分布广等方面的特点。只有在对这四种因素进行综合分析的基础上，参考其他的手段，才能正确判断是否进入临震状态。

地震是一种具有危害性的自然现象，但又是有规律可循的。它是有前兆的，是可以预测预报的。大震前的动物异常就是地震前兆的一种反应。

生物小链接

动物为什么能预知地震？这是个尚未解决的问题，也是今后值得研究的课题。根据现在掌握的资料，可以推测是与动物的特殊感觉器官的功能有关。这些功能是动物长期进化所形成的防御性反应，是与动物生存相关的本能。

第2章　生物科学

　　生物科学作为一门独立的学科，现在已经越来越多地受到了全人类的重视，我们从生物科学中的微生物开始，引领读者从了解自身出发，掌握足够的生物科学理论知识，开启大家的智慧之门，为了我们全人类的共同愿望——健康而做出努力。

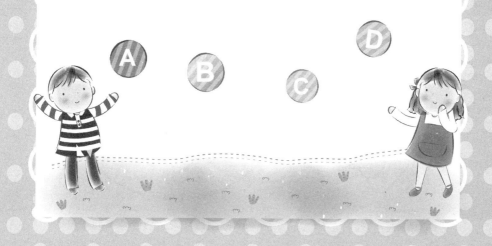

微生物——生物王国的祖先

>>>>>>>>>>>

　　下午的科学课上，崔老师大步流星地走在前面，后面的曲老师手里拿着一个类似照相机一样的东西。当曲老师将它放在讲桌上的时候，小组成员都纷纷围了上来，七嘴八舌地说："是显微镜。""对，就是显微镜。"崔老师连忙在一边补充说，"今天我们的科学课由我来讲上半部分，下半部分由曲老师来给大家讲述。"同学们一听，兴奋地喊："啊，太好了，今天的课可真是别开生面啊，两位喜欢的老师一起上课！"

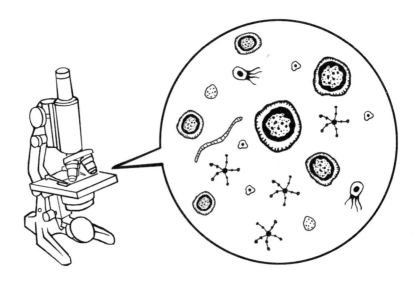

看到大家兴奋的样子，曲老师在一边抿着嘴乐。崔老师接着大家的话茬说："大家知道这是台显微镜，但是你们知道是谁最先发明的显微镜吗？这个大东西又有什么样的用处吗？"同学们都现出一脸的惊讶，含糊其辞地说："显微镜吗？就是显微镜呗！"

崔老师见大家兴趣盎然，趁热打铁说："显微镜是17世纪荷兰人列文虎克首先制造和发明的，显微镜的发明开启了生物学领域的新开端，可别小看这台不起眼的东西，它的出现给生物学科开创了一个新的领域。好，我就给大家介绍这些，下面请曲老师给大家详细介绍这台奇妙的显微镜。"

"好，同学们，我们首先来看一个实验。"曲老师从另外的一个箱子里拿出很多的样品，第一次用显微镜观察了污水，然后又观察了牙垢，接着拿出来一瓶腐臭难闻的食物。同学们争先恐后地到显微镜前去看，大家都惊奇地发现这些东西里面有无数各种形状的"小虫子"在活蹦乱跳，有的穿梭往来，有的扭来扭去，还有的聚成一团，结伴而行，令人作呕。

曲老师问："大家看到了什么呀？"大家异口同声地回答："是小虫子，是小虫子。"

"你们知道这些小虫子是什么吗？我们把这些小虫子称作'微动物'，显微镜的最大作用就在于它能帮助我们人类认识和了解这些微生物。"

曲老师于是滔滔不绝地开始了他的讲解：微生物是地球上生命的先行者，它们是最早来到地球上开垦土壤、改造大气的。随后才是鱼、陆生植物和动物，而人类则是最后一个到达的，真是坐享其成啊！在微生物王国里是没有什么"君臣"之分的，只生活着几个大家族，包括病毒和类病毒、细菌、真菌、立克次氏体、支原体和衣原体等。这个国家的居民绝大多数都是小个子，它们个头虽小，但肚皮特别大，非常贪"吃"，只要有东西，它们就从早到晚"吃"个不停。它们不光是贪"吃"，而且从不挑剔，无所不"吃"。它们有的"吃"动植物尸体等现成有机物，还有的"吃"废铜烂铁等无机物，还有的两种物质都来者不拒一并吞下去。微生物繁殖的速度惊人的快。以细菌为例，只要条件合适，每20分钟就能分裂一次，一分为二，二分为四……一直推算下去，48小时内一个细菌就能生出2^{144}个后代，总重量也无法想象，相当于四个地球的重量。当然，实际情况不可能这样，不然一个细菌就会让我们的地球脱离原来的轨道。

微生物个头虽小，但在自然界中为了自身的生存，有时不仅偷袭比它们大得多的生物机体，而且它们之间也常常兵戎相见、互相残杀。这种斗争不仅存在于种族之间，也存在于同类内部个体之间。当然它们使用的武器不是我们常说的刀枪之类的东西，而是一些威力强大的生物活性物质。放线菌产生链霉素等抗生素来消灭与它们争食的细菌，噬菌体则靠吃菌为生，病毒感染细胞常常将细胞上的大门关闭而不让同类的其他个体进入，但有时关不住其他种类的病毒。微生物就是这样互相牵制着共同生息于自然界。微生物对自然环境的抵抗力非常强大，地球上除了活的火山口外，几乎没有它们去不了的地方。上至8万米高的高空，下至1万米深、水压达1140个大气压的太平洋海底，到处都有它们的踪迹。有些微生物专挑最艰苦的地方生活，你把它们移到比较优越的地方，它们反而不舒服甚至死亡。

微生物正是由于具有食性杂、繁殖快、对环境抵抗力强等特点才能作为最早的"居民"一直生存下来，与动物、植物一起组成生物大军，使自然界充满生机。

生物小链接

微生物是一切肉眼看不见或看不清的微小生物，个体微小，结构简单。通常，要用光学显微镜和电子显微镜才能看清楚的生物，统称为微生物。微生物包括细菌、病毒、真菌等，个别微生物是肉眼可以看见的，像属于真菌的蘑菇、灵芝等。

微型发电机——奇妙的生物电

昨天下午小智帮助崔老师收拾电脑间，累得满头大汗的他，时不时地用衣袖擦脸上的汗水，当他帮崔老师做完最后一项工作，把擦完的电脑抱过来给崔老师的时候，手刚一接触电脑，就倏的一下，好像针扎一样疼，是电！怎么回事？电脑也没接电源啊！小智当时被击得一哆嗦，吓得差点流下眼泪来。崔老师看着小智无助的眼神，连忙拍拍他的肩膀说："没事，没事，这是你自己人体生物电的作用引起的，不是因为我的电脑接上了电源。"

小智还是一脸疑惑的神色，崔老师连忙说："活已经完工了，就给我们的小智讲讲关于生物电的来源和产生吧。"酷爱学习的小智这才放松了心情。于是崔老师打开了自己的知识匣子："如果有人对你说，你全身上下充满了电；花园里美丽的玫瑰、玻璃缸中悠闲地游来游去的金鱼、书架旁婀娜多姿的吊兰等，也都带有电，你不会感到惊讶吧？"小智一听这个，更迷惑了。

崔老师接着说："拿人来说，肌肉收缩、神经传导、腺体分泌、心跳、呼吸、消化、吸收、排泄、生殖等各种机能活动，就连物质的新陈代谢、能量的转移输送，都留下了电的踪迹。感觉、记忆、语言、思维、情感、想象等大脑的高级功能，也无不与电有关联。"在当今世界上，如果突然停电，后果将会不堪设想，而我们的身体内如果发生"停电"，那便意味着死神的降临。

电在生物体内普遍存在，组成生物体的每个细胞都是一台微型发电机。细胞膜内外带有相反的电荷，膜外带正电荷，膜内带负电荷，膜内外的钾、钠离子的不均匀分布是产生细胞生物电的基础。但是，生物电的电压很低、电流很弱，要用精密仪器才能测量到，因此生物电直到1786年才由意大利生物学家伽伐尼首先发现。

人体任何一个细微的活动都与生物电有关。外界的刺激、心脏跳动、肌肉收缩、眼睛开闭、大脑思维等，都伴随着生物电的产生和变化。人体某一部位受到刺激后，感觉器官就会产生兴奋。兴奋沿着传入神经传到大脑，大脑便根据兴奋传来的信息作出反应，发出指令。然后传出神经将大脑的指令传给相关的效应器官，它会根据指令完成相应的动作。这一过程传递的信息——兴奋，就是生物电。也就是说，感官和大脑之间的"刺激反应"主要是通过生物电的传导来实现的。心脏跳动时会产生1~2毫伏的电压，眼睛开闭产生5~6毫伏的电压，读书或思考问题时大脑产生0.2~1毫伏的电压。正常人的心脏、肌肉、视网膜、大脑等的生物电变化都是很有规律的。因此，将患者的心电图、肌电图、视网膜电图、脑电图等与健康人作比较，就可以发现疾病所在。

在其他动物中，有不少生物的电流、电压相当大，还有一些鱼类有专门的发电器官。

植物体内同样有电。为什么人的手指触摸含羞草时它便"弯腰低头"害羞起来？为什么向日葵金黄色的脸庞总是朝着太阳微笑？为什么捕蝇草会像机灵的青蛙一样捕捉叶子上的昆虫？这些都是生物电的功劳。

此外，还有一些生物包括细菌、植物、动物等能把化学能转化为电能，发光而不发热，特别是海洋生物。据统计，生活在中等深度水深中的虾类中有70%的品种和个体、鱼类中70%的品种和95%的个体，都能发光。一到夜晚，在海洋的一些区域，一盏盏生物灯大放光彩，汇合起来形成极为壮观的海洋奇景。

生物小链接

人体是导体，通过摩擦可以产生静电，与人的体质有关，有的人感觉不到，可有的人却很敏感。除了敏感人群以外，还和环境中的湿度有关。

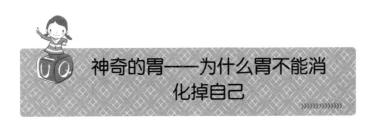

神奇的胃——为什么胃不能消化掉自己

曲老师下午给小智他们班上课。在讲述胃的结构和功能时，小智提出了这样一个问题："人胃能消化掉牛胃，为什么不能消化掉自己的胃呢？"这个问题提得很有意思，于是曲老师以探讨的方式给同学们做出以下的回答。

胃有消化食物的作用，是指胃能分泌胃液，胃液中的盐酸能激活胃蛋白酶原，使它变为胃蛋白酶，而胃蛋白酶能消化食物中的蛋白质。牛胃被人吃进胃里后，它所含有的蛋白质，被人胃产生的消化液逐步消化。胃能消化各种肉类，它自己却安然无恙。

为此，曲老师用美国密歇根大学医学系的德本教授做过的一个有趣实验来说明这个道理。德本教授把从人体中切除下来的胃放入一个大试管中，然后加入适量根据正常人体胃部的浓度配制的盐酸和胃蛋白酶，把试管放置在37℃的恒温环境中。结果，试管中的胃受到严重的破坏，而且相当一部分被溶解掉了。这个实验说明，胃无法抵御盐酸和胃蛋白酶的消化作用。德本教授进一步指出，胃可以被损坏，但也很容易被修复，正是这种机制起着保护胃表面的重要功能。胃壁细胞的细胞膜表面的脂类物质，与抵御消化有很大关系，如果用洗涤剂去掉细胞表面的脂类物质，胃壁细胞就会受到酸的侵害。另外，胃壁细胞经常更新，老细胞不断地从表面脱落，由组织内的新生细胞取而代之。所以说人的胃每分钟约有50万个细胞脱落，胃黏膜层每3天就全部更新一次。所以，即使胃的内壁受到一定程度的侵害，也可以在几天或几个小时内完全修复。所以人体中的胃并不是不会消化自己本身，而是在被消化到某种程度后就会立即自我更新。

还有一些科学家经过多年研究也证实，胃局部溃疡的形成是胃壁组织被胃酸和胃蛋白酶消化的结果，这种自我消化过程是溃疡形成的直接原因，胃液的消化作用是溃疡形成的重要因素之一。

因此，他们对德本教授的观点提出疑问，如果胃处于不断地自我消化和自我修复的过程中，胃溃疡又怎么会产生呢？因此，有理由认为，人的胃也许还存在着其他防止消化自己的机制。这些机制究竟是什么？科学家预言，21世纪将是生物科学的世纪。所以，随着生物科学的不断发展，科学家会对这个问

题作出明确的答复。

听完曲老师的精彩解释，小智顿时明白了，全班同学也都恍然大悟，哦，原来是这么回事呀！

生物小链接

胃具有再生能力，事实上，胃液在消化食物的同时，也对胃壁有一定的损害作用，即造成一些细胞的死亡。但是由于胃有很强的再生能力，因此这种损害仅仅是暂时的，胃能很快恢复如初。

病毒——十恶不赦的人体杀手

小智感冒了，而且十分严重，医生检查的结果是病毒性感冒，建议小智住院治疗。小智住院的第二天，同学们都听说了，小明缠着崔老师，要他替他们跟班主任请假。于是，生物小组的成员们在崔老师的带领下，星期三下午的体育课都没上，一起来到医院看望小智。

小智昏昏沉沉地还在病床上输液，听说同学们都来了，艰难地抬起了头。大家七嘴八舌地问候小智，小智只是用点头摇头来回答大家的问话。大家听小智妈妈说，小智是病毒性感冒，而且，这样的感冒传染性十分强。小欣就冒出来一句："病毒，真是个大坏蛋呀！"小智身体还没有恢复，医院也不允许大家在这里待太久，可是，小明说："我们想知道，这个大坏蛋病毒是什么东西呀？"小智的妈妈看到孩子们的认真劲心生喜欢，于是说："我去把王教授找来吧，让他给你们介绍一下有关病毒的知识，好吗？"

王教授把同学们带到了自己的实验室，打开电脑，滔滔不绝地给同学们介绍起有关病毒的知识。

病毒是一种具有细胞感染性的亚显微粒子，它实际上就是由一个保护性的外壳包裹着一段DNA或者RNA，这些简单的生物体自己无法生存，主要是寄生在其他生物的细胞中，它也是靠着寄生体生长和复制的。同时，也能在细胞外保持极强的生命力。病毒可以感染所有的具有细胞的生命体。第一个已知的病毒是烟草花叶病毒，由马丁乌斯·贝杰林克于1899年证实并命名，如今已有超过5000种类型的病毒得到鉴定。研究病毒的科学被称为病毒学，是微生物学的一个分支。

　　病毒由两到三种成分组成：病毒都含有遗传物质RNA或DNA；所有的病毒也都有由蛋白质形成的衣壳，用来包裹和保护其中的遗传物质；此外，部分病毒在到达细胞表面时能够形成脂质的包膜环绕在外。病毒的形态大小不一，病毒颗粒大约是细菌大小的百分之一。病毒的起源目前尚不清楚，不同的病毒可能起源于不同的机制，部分病毒则可能起源于细菌。

　　病毒的传播方式多种多样，不同类型的病毒采用不同的方法。例如，植物病毒可以通过以植物汁液为生的昆虫，如蚜虫，在植物间进行传播；而动物病毒可以通过蚊虫叮咬而得以传播。这些携带病毒的生物体被称为"载体"。流感病毒可以经由咳嗽和打喷嚏来传播，就像小智的病毒性感冒，就是由病毒感染引起的，所以具有极强的传染性。

王教授接着说：并非所有的病毒都会导致疾病，因为许多病毒的复制并不会对受感染的器官产生明显的伤害。病毒感染能够引发免疫反应，消灭入侵的病毒。而这些免疫反应能够通过注射疫苗来产生，从而使接种疫苗的人或动物能够产生对相应病毒的免疫。抗生素对病毒没有任何作用，但抗病毒药物已经被研发出来用于治疗病毒感染，所以，对于小智的疾病，医生在治疗上采用的是抗病毒类药物的治疗，而不是使用抗生素来治疗。

生物小链接

　　由病毒引起的人类疾病种类繁多，已经确定的如伤风、流感、水痘等一般性疾病，以及天花、艾滋病、SARS和禽流感等严重疾病。

　　一些病毒能够引起慢性感染，像乙肝病毒和丙肝病毒。受到慢性感染的人群即病毒携带者，当人群中有较高比例的携带者时，这一疾病就可以发展为流行病。

细菌——是人类的朋友还是敌人

　　小智出院后，开始对微生物领域的好多东西都产生了极大的兴趣。自己查找这方面的资料学习不算，还带领着生物小组的全体成员一起研究，只要是有时间，他就会给大家布置题目，查找资料。今天大家放学后，几个骨干成员聚在崔老师的电脑间，开始琢磨和研究起细菌来了。

有的人认为："细菌和病毒一样，全都是坏家伙。"还有的人说："细菌有时候帮了我们人类很多忙呀！所以，细菌是好家伙。"大家争论来争论去，还是没有结果，最后，只好请教学识渊博的崔老师了。

于是，崔老师告诉大家说：1877 年，德国乡村医生柯赫发现人和动物炭疽病原是炭疽杆菌引起的，随后，世界各地细菌学家相继发现人类和家禽的许多传染病都是由细菌引起的。人们就把细菌和疾病之间画上了等号，对细菌极为厌恶。其实这其中有些误解，细菌家族中有一小群"害群之马"，只有它们才会做坏事，绝大多数细菌是有益而无害的。

因为，地球生命的结构元素是碳，动物依赖植物而生存，植物的碳源自空气中的二氧化碳。植物通过光合作用把二氧化碳变成葡萄糖等有机物，同时放出氧气。植物不能直接利用土壤中的现成有机物，必须依靠细菌等微生物。腐生菌将动植物尸体分解产生二氧化碳，释放到空气或土壤中，补充了植物光合作用所耗竭的二氧化碳。在自然界的物质循环中，细菌是非常重要的一环。假如没有细菌，地球上动植物尸体将堆积如山，而且由于二氧化碳供应受阻，地球上各种生物也将因饥饿而死亡。

生命的另一个重要元素就是氮，空气就是它的仓库，可是植物也不能直接利用，也得借助细菌的帮助。固氮菌把空气中的氮气变成氨，硝化菌等又把氨转变成亚硝酸盐、硝酸盐，这些化合物才能被植物吸收利用。氮气的补充又靠腐生菌对动植物尸体的分解。

硫、铁等矿物质元素的循环也得靠细菌完成。细菌对人类的帮助远不止这些。我们在开采矿产资源时，往往也把埋在地底下对人类有害的物质一并挖出来，又是细菌把这类物质消灭掉；日常生活中的垃圾、污水，也是细菌帮助处理掉，使我们能有一个清新的生活环境。此外，生活在我们肠道里的一些细菌还给我们提供一些必需的氨基酸和维生素，没有它们，我们就会感到不舒服。

在多数情况下，细菌与人类是友好相处的，但有时也闹些别扭。比如一些细菌在人肠道内与人相安无事，但当它进入其他器官时则引起人类疾病。个别家伙如霍乱弧菌等则是人类的大敌。就细菌整个家族来说，还是功大于过，人们应该充分利用细菌为人类办好事。

生物小链接

细菌的发现者是荷兰人列文虎克。细菌是所有生物中数量最多的一类，据估计，其总数约有 5×10^{30} 个。细菌的个体非常小，目前已知最小的细菌只有0.2微米长，因此大多数只能在显微镜下看到。

烟草——威胁人类健康的大敌

"今天是5月31日，大家知道是什么日子吗？"下午的第一节生物课上，曲老师首先向同学们提出了这个问题。"世界无烟日"，平时对各种节日了如指掌的小智开口回答了曲老师的问题。"对，今天确实是世界无烟日，这个节日诞生于1988年，订立这个节日的目的在于督促烟民们改掉吸烟这种不良生活习惯。今天我们这堂课主要给同学们讲述这样一个主题：烟草——人类健康的大敌。"

当今，吸烟已成了世界性的公害，它给人类健康带来极大的危害。那么烟是从哪里来的呢？原来烟主要是由植物烟草的叶子加工而成的。烟草原产南美洲，在哥伦布发现新大陆后传入欧洲，以后才遍及全世界。我国的烟草是在明朝时由菲律宾传入的。烟草的品种很多，但大多是一年生草本植物，带有腺毛，叶片较大，呈圆锥形状。这种植物在植物学上没有什么出奇之处，但它却含有一种特殊的生物碱——尼古丁。

尼古丁是在烟草的根中合成的，然后输送到茎和叶，是烟草的异性代谢物质，它可以使人成瘾，所以在国外，有人把它叫相思草，意思是嗜烟的人离不开它，一时不吸就想得发慌。因为吸入尼古丁，可以引起一时的精神兴奋，所以有人就说，吸烟可以有助于"灵感"发生，其实这只不过是一种假象，吸烟会损害健康。首先，吸烟时，烟草中的尼古丁以及其他一些有毒物质会刺激喉咙和气管黏膜，引起多痰多咳，长期吸烟，会引起上呼吸道感染，日久发生肺气肿和肺心病，严重影响呼吸功能，甚至缩短寿命；其次，吸烟可以引起癌症。最近流行病学研究指出，80%的癌症是由环境因素引起的，肺癌是直接吸入致癌物质所致，人们普遍认为香烟和烟制品是癌的主要致病因素，在长期吸烟和大量吸烟的人中，肺癌发病率很高。环境性致癌物质引起人类癌症的潜伏期平均为15~25年，现在有很多青少年也吸烟，如果长期吸烟，人到中年后，他们有些人就会受到癌症的摧残。据美国、加拿大、英国等国家的研究证明，每天吸一包以上香烟的人，肺癌死亡率为不吸烟人的11倍。

那么烟草为什么会引起癌症呢？原来在烟草的烟雾和焦油中，含有强烈的致癌物质，将这些物质涂在动物皮肤上，能使动物患皮肤癌；滴在动物的气管里，就能诱发动物产生肺癌；通过切开气管，用导管仿照人吸烟的方式，每天给狗吸入烟雾，两年左右就使狗患上支气管癌症。

另外，吸烟还会污染环境，毒化空气。所以大家都应该大力宣传戒烟，国家也应该禁止或限制这种烟草的种植。

生物小链接

香烟中的有害物质有2000多种，最主要的有害物质是烟焦油和一氧化碳，其中的成瘾物质是尼古丁。吸烟时间越长，烟量越大，吸烟的危害越大。被动吸烟同样危害身体健康。吸烟可能会使吸烟者身患肺癌、冠心病、气管炎和肺气肿等疾病。

生物武器——全人类恐惧的根源

小智的生物小组最近遇到了麻烦，这个难题是小欣带来的，因为小欣的爸爸是军队的科技工作者，爸爸常常和小欣谈论工作中的一些事情。最近，小欣发现爸爸所研究的问题与他们的生物科技小组有些关联，是关于生物武器的事。于是，小欣把这个思路也带到了自己的生物小组，可是大家似乎觉得这是不可思议的事，生物就是生物，怎么可以作为武器来使用呢，大家百思不得其解。解铃还须系铃人，于是大家又把这个问题推给了小欣。没办法，小欣抓住周六晚上爸爸回来早的机会，缠着爸爸要他介绍一下关于生物武器的事，等周一上学时才好跟小组的成员交代。

爸爸对小欣说："这些东西不是军事秘密，因为全世界，甚至包括全人类都无时无刻不在关注着这个话题。那我就从第二次世界大战时，发生在我国领

第 2 章 生物科学

土上的一件事开始讲起吧。"

"1940年10月27日，日本帝国主义侵略我国期间，几架日本飞机对浙江省宁波市进行了空袭。过后，人们发现有几发炮弹装着混有许多跳蚤的麦粒，心中十分纳闷。一个月之后，当地有一百多人患鼠疫病死亡。接着，日军在浙江金华和湖南等地也散布了带菌的跳蚤。战后人们才知道，日本在东北的 '731' 部队原来是一座制造鼠疫、霍乱等病菌的生物武器工厂及试验场。"

生物武器就是利用细菌和病毒作为军事进攻的手段，在历史上曾多次发挥它的威力。早在1763年，英国殖民者大军侵入加拿大时遭到印第安人的顽强抵抗。有一天，两名印第安首领收到英军使者送来的礼物——被子和手帕。面对这些华丽的礼品，两位首领爱不释手。但不久，灾难出现了，强壮勇敢的印第安人大批病倒，先是发高烧，接着皮肤上出现了大量皮疹，然后化为脓疮，病人在极度痛苦中死去。原来，英国人所送的被子和手帕中有天花病毒。疾病使印第安人不战而败。

化学武器在第一次世界大战中也曾使100万人死亡或受伤。鉴于生物武器和化学武器的严重杀伤性，1925 年，40个国家共同签署了禁止首先使用化学和生物武器的《日内瓦公约》；1972 年又签署了《禁止生物武器公约》，许多国家都同意永远禁止生物武器，这一条约在签署时被赞誉为协约的典范。

生物武器的特点是，它的生产用不着做大量准备，只要准备好一套经过验证的繁殖系统，一些储存细菌的容器，并知道生产某种有机物的方法，就可以用极少的细菌在很短的时间内生产出某种生物武器系统所需要的原料。

作为一种生物武器，其理想标准是在低浓度的情况下即可造成死亡或疾病的效果，具有高度的传染性，并使受攻击的人群丧失免疫力，无法控制和防止它的传染。同时，使用者还必须能够有效地通过疫苗注射或类似方法，保护自己一方不受传染。大多数能达到这一标准的毒剂是细菌或真菌，还有病毒。除了影响人类的生物武器，现在影响牲畜和农作物的生物武器也在暗中发展。使用这些有机物，可以使敌对国的农业或经济陷入瘫痪。

生物武器的影响，需要依赖自然力传播，比如风和水，最后是接触传染。它们一旦释放，就无法将其限制在战争区域内，将失去控制地扩散开。因此，保护自己一方，特别是保护战争区域内的一般居民，将成为一个极难解决的问题，这也正是军事战略家们一致反对使用生物武器的依据所在。生物武器的使用会给人类带来极大的灾难，因而受到全世界的反对。

生物小链接

生物武器原来被称为细菌武器。它的杀伤破坏作用靠的是生物战剂。随着现代军事科技的发展，生物武器的施放装置包括炮弹、航空炸弹、火箭弹、导弹弹头和航空布撒器、喷雾器等，以生物战剂杀死有生力量和毁坏植物的武器统称为生物武器。

癌症疫苗——人类的希望之星

　　小智的妈妈是医院肿瘤科的医生，而且是手术的主刀大夫，每天工作都特别忙，有时候一场大的手术下来，需要十二三个小时，回到家里是筋疲力尽。看着一个个的患者因为癌症而失去了生命的时候，心地善良的她常常默默地流泪。小智常常看到妈妈这样伤感，更是心疼妈妈，于是问妈妈："我们国家的科技那么发达，为什么不制造预防癌症的疫苗呢？"妈妈把懂事的小智搂在怀里说："是的，我们人类正在为此而努力着呢。我相信，不久的将来，会做到的。"

　　妈妈看着充满求知欲望的小智，怜爱地抚摸着他的头，接着告诉他说：癌症是当今世界威胁人类生命的第一杀手，全世界的科学家们自从掌握了接种牛痘可以预防天花的技术之后，无时无刻不希望研制出癌症疫苗，从而最终战胜癌症！值得欣慰的是，癌症疫苗已经开始临床试验。

　　1988年7月，美国51岁的小学校长玛丽莲·吉赛被诊断为肾癌晚期。罗切斯特大学医学中心为她割除了一个已经包住了她的右肾、填满整个腹腔的巨大肿瘤。然而，她的癌细胞已经扩散到左肺和肾上腺。医生认为，她存活两年的机会仅为20%。这时，该大学肿瘤学副教授克莱格·麦克肯询问她是否愿意试用一种刚刚研制的癌症疫苗，吉赛答应了。

三次疫苗注射，吉塞体内的免疫系统很快被启动起来。五个月后，她肺部的肿瘤已经消失。到了圣诞节前，她已经恢复了全天上班。两年后医生又为她切除了肾上腺的肿瘤，并接受了第二轮的疫苗注射。现在，虽然她右肩和臀部的骨头上还各有一个小肿瘤，尚未完全脱离危险，但情况比预想的好得多。

　　吉赛的成功更提升了科学家研制癌症疫苗的决心，目前对付结肠癌、肾癌、黑色素瘤、肺癌、宫颈癌和乳腺癌的疫苗正在研制或者临床试验过程中。科学家的最终目标是制成各种疫苗，以对付各种癌症。这可能要许多年之后才能实现，但一定会成功。

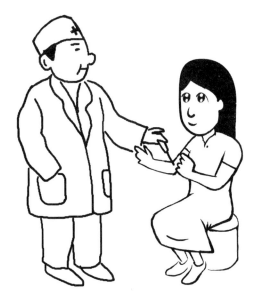

　　癌症疫苗与牛痘疫苗等传统疫苗不同，它不能用于预防接种和预防注射，而是在切除原发癌肿瘤之后使用，它的作用是帮助摧毁再生长出来的癌细胞，从而达到防止癌症复发的目的。这一点非常重要，因为90％的癌症病人是由于癌细胞扩散而死亡的。而癌症疫苗的作用正是促使人体的免疫系统先发制人，在那些微小癌细胞团增大以前就将它们及时扼杀。在一般情况下，当人体受到外来物质——病毒、细菌、花粉或移植的器官入侵时，都会作出反应，制造出抗体来消灭入侵者。但由于癌细胞是由普通细胞发展而来的，与普通细胞只有细微的差别，因而人体免疫系统难以鉴别。而癌症疫苗能够明确区别二者的不同，使免疫系统认清敌我，对癌细胞发起猛烈攻击。

虽然癌症疫苗将不能替代外科手术治疗乳腺癌、肺癌等大而硬的癌症，但作为癌症早期以及外科手术后的治疗方法，单独使用或与其他疗法配合使用，最终可以达到彻底消灭癌细胞的目的。因此，专家们预言，注射癌症疫苗将成为治疗癌症的标准方法。

癌症疫苗的出现，使许多以前无望生还的癌症患者有了希望，人类最终战胜癌症也看到了曙光。

生物小链接

癌症一直以来都被称为"不治之症"，随着近些年来各国医疗水平的发展，在癌症治疗方面已经取得了长足的进步。目前，已经有好多种疫苗相继开展研究，并投入临床使用，像宫颈癌疫苗、前列腺癌疫苗、黑色素瘤疫苗、乳腺癌疫苗等。

第3章　虫类世界

　　小小昆虫体型完美，构造特异。昆虫是地球上种类最多的动物类群。4亿年以来，斗转星移，沧桑巨变，有多少生物难逃灭绝的厄运，但是，在地球所经历的种种浩劫中，昆虫却能大难不死，经久不衰。

　　我们不禁要问：是何种神奇的力量使昆虫保持着持久的繁荣昌盛，继续在世界占有一席之地？让我们随着小智生物学习小组的足迹，一起走进虫类的世界，去领略它们的风采和奇特的本领。

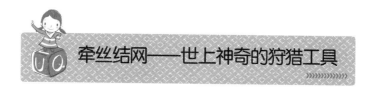

牵丝结网——世上神奇的狩猎工具

"十一"长假前，小智、小明和小欣他们几个就商量这次长假的计划，最后征得家长的同意，由小智的爸爸开车送他们三人来到了乡下的爷爷家。

其实，他们三个人来到乡下，是带着任务来的，主要的目的是为了考察和研究昆虫的生活习性，因为乡下所能看到的昆虫毕竟要比城里多，而且观察起来也方便。

他们来之前就列出了计划，主要是了解蜘蛛、蜻蜓、还有蝉等一些常见、不常见昆虫的活动以及它们的生活习性。

吃完午饭后，三个小伙伴就来到了爷爷家的后山。一棵棵高大挺拔的树木，遮天蔽日。他们三人穿行在其中，由于天气很热，走了没几步，三个人就大汗淋漓，而且怎么这么难受呢？脸上总感觉有东西挂着一样，三个人都用手去抓，却抓不到什么。于是，小明说："到底是什么东西，总往脸上挂，还抓不着呀？"聪明的小智说："我知道了，一定是蜘蛛网。"于是三人缓慢前进，终于发现树木和树木之间，每隔三棵或者是两棵之间就有蜘蛛网的网线，于是大家放慢脚步，开始仔细观察这些网。那些或大或小的蜘蛛网，细细的，纵横交错于树木之间，就像一个个的铁丝网，既自成体系，又互相独立。于是，三个人打开带来的笔记本电脑，开始记录所见到的情形，并查找蜘蛛结网的有关知识。

　　首先查到的是牵丝结网。牵丝结网是蜘蛛的本能，不同种类的蜘蛛所结的网型大小、形状和网眼疏密各不相同，有圆网、三角网、漏斗网、盆网、被单网、捕鱼网等，以应付各种不同的需要。他们对照着观察到的蜘蛛网，并一一得到了验证。因为蜘蛛是个"近视眼"，又没有耳朵，一切行动全靠蛛网的振动来传递信息，可由此精确地判断出网上所捕获猎物的死活、大小和位置，所以蛛网是蜘蛛感觉器官的延伸，是极妙的捕食工具。最后得出结论：蜘蛛结网是为了捕食。

　　于是他们继续查找蜘蛛的捕食方法。一只蜘蛛织了网以后，就在附近守网待虫，然而昆虫为什么会跑去自投罗网呢？再说蛛网的网丝那么细，昆虫不会穿网而过吗？这是因为蜘蛛网的特殊功能在于能对紫外光线进行反射。在阴暗角落里织的网对紫外光的反射特别强烈，会使昆虫误以为是蓝天而飞入网内；

而在明亮处织的网绝大部分却不反射紫外光，仅在一些结点上反射少量的紫外光，这样仍能使昆虫误以为这是蓝天。蜘蛛还会随着昆虫品种的不同，在结新网时调整这些结点的数量与分布。

蛛网之所以不会被昆虫挣破，还有一个原因是蛛丝是一种蛋白质，含有吡咯烷酮，具有较强的吸湿性和黏性，具有很高的强度。蛛网是由两股不同类型的绒丝绞合在一起构成的。一种是干性的直线状线丝，它是网丝的主干线和支撑物，弹性较差，最多只能比原来拉长20%，再拉就会断裂，另一种是带黏性的螺旋状丝，是专门用来捕捉昆虫的，可以伸长到原来的四倍，恢复原状后也不会下垂。在高倍电子扫描显微镜下可以看到，在螺旋状线丝上有一个个周围覆盖着一层胶质的液体微滴，每个微滴中包含着一团线丝。当昆虫在网上挣扎将线丝拉长时，微滴中的丝团便会展开以增加线丝的长度，当昆虫不再挣扎时，丝团便会自动复原，所以蛛网的线丝不会被挣断。

生物小链接

蜘蛛能消灭各种害虫，是人类的朋友。而蜘蛛网是蜘蛛狩猎的工具，苍蝇、蚊子等小昆虫往往会自投罗网，成为蜘蛛的大餐。其实，并不是所有的蜘蛛都可以结网，自然界中也有许多蜘蛛是不织网的，如在墙上爬来爬去捕捉苍蝇的蝇虎、在草丛中活动的狼蛛等。

蜻蜓——昆虫中的捕猎能手

>>>>>>>>>>>

昨天，小智他们三人上后山，一直忙活到很晚，最后爷爷担心他们，亲自去后山把三人叫回了家。第二天，三人呼呼大睡了整整一上午，看来昨天实在太累了。吃完午饭，三个人又开始在院子里转，因为爷爷不许他们再去后山了。

"蜻蜓！"小智首先发现了一只蜻蜓在院子里飞。南方的天气特点是午后很热，也是昆虫活动频繁的时间。不一会儿，满院子的蜻蜓漫天飞舞起来，似乎是对他们三个人的到来表示欢迎。

在阳光下，蜻蜓扁宽的肚子显得格外秀丽。有的张开翅膀，停在院子里的树枝上，有的落在树梢。三个人你追我赶地抓蜻蜓，蜻蜓受到惊吓以后，就飞起来，沿着树枝飞一会儿，又落到爷爷养的花上去……

不一会儿工夫，三个人每人手里都捉了一只蜻蜓，于是他们坐下来开始研究，并按照各自观察到的，在电脑上做记录。

蜻蜓的眼睛特别大，占据了头部两侧的全部位置，还向上下前后突出，形状像圆球。这一定是蜻蜓一下子就能"饱览"周围一切事物的原因。蜻蜓的眼睛看上去像两只里面布满网的球体，泛着五颜六色的光泽。于是他们开始上网查找有关蜻蜓眼睛的知识，原来这样的眼睛在生物学上称为"复眼"，即每只眼睛都是由成千上万的小眼面组成。蜻蜓能那么容易地发现敌人，也就不奇怪了。

善于刨根问底的小欣说："这些蜻蜓是怎么生出来的呢，它们也一定和人一样慢慢长大的，对吧？"小智说："我也不知道，咱们还是找资料了解，然后做好记录，回去介绍给大家。"

蜻蜓幼虫的成长过程很有趣，蜻蜓也叫不完全变态昆虫，它的卵孵化成幼虫后，要用两年的时间来发育成长，在第二次越冬后，到第三年夏天才变成成虫。在这一段时间里，幼虫要长大25~30倍，并且要蜕皮10次左右。

蜻蜓的幼虫是一种肉食动物，所以它们需要"吃肉"。蝌蚪、苍蝇、蚊子都是它们的食物。那么蜻蜓幼虫是怎样捕捉猎物的呢？小水塘中一只蝌蚪正摆着尾巴游着。这时，蜻蜓幼虫发现了蝌蚪，它静静地候在那里，等待蝌蚪游近。蝌蚪游近了，蜻蜓幼虫并没有挪动地方，只是从它头部底下伸出一条古怪的好像胳臂一样的长板子。蝌蚪被抓住了，塞入了嘴里。又一只蝌蚪出现了，这次幼虫的举动稍有不同。它老远就发现了蝌蚪，并且悄悄地向它爬去，接着又是迅速地甩出那条"胳臂"，把猎物擒获。这条奇异的"胳臂"叫作脸盖。它是经过变异的下唇。下唇向前伸出就像一块板子，而且能够折叠。在这下唇的末端有两个能够活动的大钩子。幼虫把它长长的下唇往前甩出去，用活动的钩子捉住猎物，再把这个下唇对折起来，这样猎物就到了嘴边。脸盖是一种很巧妙的器官。蜻蜓的幼虫既不会游水，也爬不快。但为了捕食，只得接近猎物，还要挡住它，抓牢它。所以蜻蜓幼虫的这个捕捉器官就发达起来了。

当然，它的下唇不是一下子就从托住食物的器官变成捕捉器官的，从下唇变成脸盖，中间曾经经过千千万万年的进化过程。所以，蜻蜓也被誉为昆虫中的捕猎能手。

生物小链接

蜻蜓，无脊椎动物，昆虫纲。蜻蜓的成虫除能大量捕食蚊、蝇外，有的还能捕食蝶、蛾、蜂等害虫，蜻蜓属于自然界中的益虫。

金蝉脱壳——展翅高飞的奥秘

小智的爷爷看着三个小家伙每天都乐此不疲地忙活着，更喜欢他们爱学习的认真劲头。爷爷住在山区，多年来一直养蝉，在附近是非常著名的养蝉专家。

早上，三个孩子一起床，爷爷就叫住他们，要带他们去看看自己养蝉的地方，并想给他们介绍一下蝉的生活，还提醒他们可别忘做记录。于是，一老三小迫不及待地来到了爷爷养蝉的地方。

大家一边走，一边看爷爷养的蝉，爷爷介绍说：蝉就是我们所说的"知了"，它们从六月就开始不知疲倦地叫起来。蝉，生来就爱唱歌，不管天气多么炎热，都爱在树上醉心地歌唱，从低音到高音，从独唱到合唱，很有节奏（但是只有雄蝉才会唱歌）。那么蝉的乐器到底藏在什么地方呢？在雄蝉的腹部有两块硬板，叫作板盖，板盖的里面就藏着精细的鸣叫器官。

蝉的乐器有点像鼓。用鼓槌打鼓皮时，便发出咚咚的声音。蝉的身体两边各有一个鼓膜，鼓膜震动时，蝉就发声，只是蝉的鼓膜不是因锤击而震动，它与体内的大肌肉相联结，肌肉每一收缩，鼓膜便震动起来。鼓膜一震动便发出声音，这就是蝉在放声歌唱了。有时捉到的蝉不会歌唱，人们叫它"哑巴蝉"，这就是雌蝉。雌蝉的腹面也有两块板，然而由于雌蝉懒惰，这两块板早已慢慢地退化了，乐器构造也就不完全了，所以雌蝉先天就不会唱歌。

　　蝉很少在空中飞翔。只有当它受到骚扰时，才从一棵树上飞到另一棵树上。休息时，翅膀总是覆盖在背上。蝉的口器是一根尖硬的针，藏在肚皮下面。它实际上是一根吸管，专门用来刺穿树皮吸取植物体内的汁液。蝉用吸管喝、用乐器唱，可谓喝唱两不误。

　　蝉与大多数昆虫一样，身体内部没有骨骼，起骨骼作用的就是体壳，又叫作外骨骼。由于这层体壳的限制，当蝉的幼虫长到一定阶段就不能再往大长了。只有脱去旧壳，换上新皮，才能继续生长发育。蝉的一生分卵、幼虫、蛹、成虫四个阶段。

　　蝉的幼虫从卵里孵出来，待在细枝上。这时秋风摆动树枝，受伤的枝条很容易断落，幼虫也就跟着落到地面。一到地面，它们马上钻入柔软的泥土里。钻下去的地方，往往靠近树根，树根的汁液就是它的食物。幼虫在地下生活的时间很长。有的种类在地下生活两三年，有的种类可以多到十几年。在由幼虫变为蛹的过程中，蝉要先后经过四次蜕皮。

大约在夏至前后，幼虫开始从土中爬出来了。这时，它全身呈淡褐色，翅鞘已经长成。幼虫有一对很厉害的前足，像耙子似的可以挖开泥土。幼虫爬到地面时，急着寻找可以攀缘的地方，比如树干或者树枝。在那里，它用前足紧紧地抓住攀缘物，身体一动也不动。不久，外皮背部从中央裂开，蝉从外皮里爬出来，完成一生中的最后一次蜕皮，然后抖动翅膀，远走高飞了。"金蝉脱壳"就是指的这种现象。蝉的蜕壳称"蝉蜕"或"蝉壳"，是一种中药，主治感冒发热、咳嗽、音哑、小儿麻疹等。现在大家吃的蝉蛹，就是蝉还没成为成虫前的阶段。

生物小链接

蝉在中国古代象征复活和永生，这个象征意义来自它的生命周期：它最初是幼虫，后来成为地上的蝉蛹，最后变成飞虫。人们认为蝉以露水为生，因此它又是纯洁的象征。

飞蛾扑火——另类无知的笑话

劳累了一天的孩子们，还是兴奋得睡不着。吃完晚饭，夜幕降临，打开电灯之后，奇迹出现了，他们看到三五成群的小青虫、甲虫和蛾子等飞进屋来，围着灯光团团打转，直到碰死、热死，或者烧死为止。

这些虫子一个劲儿地往灯光上撞，看起来很有趣。小智试着把灯关掉，这些小昆虫就很快飞走了。可是，当灯光重新亮时，成群的昆虫又会从四面八方再度飞来。"飞蛾扑火。"小欣立刻说。

"昆虫真的愿意去送死吗？扑火是什么原因呢？"小智向小欣提出了这个问题。小欣说："这个需要问你这个专家，我可是不知道。"小智说："还是看看百度里怎么解释的吧。"

原来，不同种类的昆虫是用不同方法来辨认方向的。有些昆虫生来就有很强的趋光性，夜间飞行时利用光线来辨认方向，这些昆虫一直扑向光线就是这个原因。

过去，人们只认为有些昆虫特别喜欢光亮，认为"飞蛾扑火"正是昆虫的无知所造成的。昆虫几乎都看不见红色光线，而对紫外光线的反应特别灵敏，人利用飞蛾的这种物性，在田野里悬挂起一盏紫外光灯，灯下放置水盆，让飞蛾在绕灯打转时跌进去，从而诱杀它们。

小智他们查找了半晚上的资料，终于解开了"飞蛾扑火"之谜。飞蛾等昆虫在夜间飞行时，是依靠月光来判定方向的。飞蛾总是使月光从一个方向投射到它的眼里。飞蛾在逃避蝙蝠的追逐，或者绕过障碍物转弯以后，它只要再转一个弯，月光仍将从原先的方向射来，它也就找到了方向。这是一种"天文导航"。

飞蛾看到灯光，错误地认为是"月光"。因此，它也用这个假"月光"来辨别方向。月亮距离地球遥远得很，飞蛾只要保持同月亮的固定角度，就可以使自己朝一定的方向飞行。可是，灯光距离飞蛾很近，飞蛾按本能仍然使自己同光源保持着固定的角度，于是只能绕着灯光打转转，直到最后筋疲力尽

而死去。

　　许多昆虫，只在夕阳西下、夜幕降临后才飞行于花间，一面采蜜，一面为植物授粉。漆黑的夜晚，它们能顺利地找到花朵，是"闪光语言"的功劳。夜行昆虫在空中飞翔时，由于翅膀的振动，不断与空气摩擦，产生热能，发出紫外光来向花朵"问路"，花朵因紫外光的照射，激起暗淡的"夜光"回波，发出热情的邀请；昆虫身上的特殊构造接收到花朵"夜光"的回波，就会顾波飞去，为花传粉做媒，使其结果，传递后代。这样，昆虫的灯语也为大自然的繁荣作出了贡献。因此，夜行昆虫大多有趋光性，"飞蛾扑火"就是这一习性的真实写照。

　　另外，其实飞蛾主观上也不是想死在火焰里面，是由于它复眼的构造使它以一个螺旋角度围绕火飞行的时候逐渐接近火，最后造成扑火而死。

生物小链接

飞蛾只是保持自己的飞行方向与光源成一定角度，随着它不断地飞，要不断变化角度，而轨迹也逐渐靠近光源，就好像蚊香的形状一样，绕着光源飞，并且半径逐渐缩小，最后接触光源，所以说飞蛾并不是径直扑向光源的。

不停搓脚——苍蝇的另类本领

几天来的忙碌，小智他们三人觉得收获很大。今天早上开始，外面就下起了毛毛雨，看来今天的计划要泡汤了。三个人觉得百无聊赖，小智说："找点东西吃吧。"于是，三个人各自将自己装满小食品的大包打开，要是今天不下雨，还得出去，这么多的好东西肯定都忘记吃了呢！三个人一边吃着香喷喷的油炸薯条，一边看着电视里的《动物世界》。突然，一只又黑又大的苍蝇飞到了小智的薯条上，真讨厌。小欣手疾眼快转身就去取苍蝇拍，握着拍子正要打，小智说："先别动，你们看到没有？"小欣和小明两个人这才瞪大眼睛去看，发现薯条上的苍蝇正在不停地搓脚，这是在干什么呢？是吃美味前的准备活动吗？

这个问题立刻引起了三个人的兴趣。于是《动物世界》也不看了，连忙打开电脑，查找这方面的资料，很快从中找到了答案。

原来，苍蝇特别爱吃味道比较重的食物，像糖和油炸的食物。苍蝇没有鼻子，但是，它有另外的味觉器官，并且还不在头上、脸上，而是在脚上。只要它飞到了食物上，就先用脚上的味觉器官去品一品食物的味道如何（是不是很恶心呢），然后，再用嘴去吃。因为苍蝇很贪吃，又喜欢到处飞，所以见到任何食物都要去尝一尝，这样一来，苍蝇的脚上就会沾有很多的食物，这样既不利于苍蝇飞行，又阻碍了它的味觉。所以苍蝇把脚搓来搓去，是为了把脚上沾的食物搓掉。

每当苍蝇飞到脏物（如粪便、垃圾、腐败的动物尸体等）上空时，都会降落在上面，在上面爬来爬去，用自己的脚在上面蹭来蹭去，把上面的细菌黏附在脚上，脚上就粘有大量细菌。当苍蝇完成这一任务时，就会重新起飞，然后落在人类的食物上，开始搓脚，把脚上的细菌搓下来，细菌就会落在食物上，细菌的传播过程就完成了。当人吃下这些食物时，细菌就会进入人体，并寄生在人的体内。苍蝇对细菌的生存有利，为细菌提供了生存的条件。苍蝇和细菌属于共生关系。

因为苍蝇有这种坏习惯，所以会传染很多病菌。苍蝇如果在粪便、污水里站过又飞到食物上去，就会把病菌留在食物上。另外，苍蝇还有个更坏的习性，就是当它落在食物上时，不仅吃食物，而且还要排粪，把肠子里的一些活着的病菌、寄生虫卵等都排在食物上。如果人们吃了这样的食物，很容易感染疾病，影响身体健康，甚至危及生命。

 生物小链接

苍蝇因携带多种病原微生物进行传播而危害人类，苍蝇的体表多毛，足部能分泌黏液，喜欢在人或畜的粪尿、痰、呕吐物以及尸体等处爬行觅食，极容易附着大量的病原体。霍乱、痢疾的流行和细菌性食物中毒与苍蝇传播直接相关。

神秘闪光——昆虫世界的发光器

小智他们三个人每天夜里都会发现飞来很多萤火虫，这些小小昆虫神奇的功能几天来一直吸引着他们。昨晚经过一阵忙碌，小智竟然抓了一只，用玻璃罐小心翼翼罩住，把它装了起来。三个人仔细观察，生怕它没空气不能呼吸被闷死，就用薄薄的小纸巾蒙住，再用橡皮筋扎住罐口，戳了几个小孔。当三个人把灯关掉之后，就看到放在阳台的小罐发出黄绿色荧光，因为有翅而且是后两节发光，一定是雄性的。三个人再也睡不着了，于是爬起来打开电脑，开始搜索查找资料。

　　萤火虫是萤科昆虫的通称。全世界约2000种，分布于热带、亚热带和温带地区，其中我国约50多种。雄性的有发光器，能发黄绿色光。萤火虫喜夜间活动，卵、幼虫和蛹也往往能发光，成虫的发光有引诱异性的作用。幼虫和成虫捕杀蜗牛和小昆虫为食，喜栖于潮湿温暖、草木繁盛的地方。

　　萤火虫又名夜光、流萤，因为它尾部能发出荧光，是一种小型甲虫。萤火虫的发光，简单来说，是荧光素在催化下发生的一连串复杂生化反应，光是这个过程中所释放的能量。萤火虫中绝大多数是雄虫，有发光器；而雌虫无发光器或发光器较不发达。萤火虫的发光器是由发光细胞、反射层细胞、神经与表皮等组成。如果将发光器的构造比喻成汽车的车灯，发光细胞就有如车灯的灯泡，而反射层细胞就有如车灯的灯罩，会将发光细胞所发出的光集中反射出去。所以虽然只是小小的光芒，在黑暗中却让人觉得相当明亮。

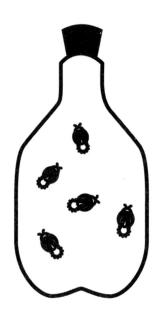

而萤火虫的发光器会发光，起始于传至发光细胞的神经冲动，使得原本处于抑制状态的荧光素被解除抑制。而萤火虫的发光细胞内有一种含磷的化学物质，称为荧光素，在荧光素酶的催化下氧化，伴随产生的能量便以光的形式释放出来。由于反应所产生的大部分能量都用来发光，只有2%～10%的能量转为热能，所以当萤火虫停在我们的手上时，我们不会感觉到萤火虫的光发出热量，所以有些人称萤火虫发出来的光为"冷光"。

萤火虫于夜晚的发光行为，多是在日落后，雄虫开始在栖身之处边飞边亮；在雄虫开始活动不久后，雌虫便开始出现于周围的高处，从晚上七点一直到十一点半左右，在它们生活的区域内可以见到成百成千的萤火虫发光，但差不多在晚上十一点半过后，成虫便逐渐停止发光。而且雄虫发光的频率也有变化，并非整晚的发光频率都一样。

在晋朝时，有一个贫穷的书生叫车胤，每到夏天，为了省下点灯的油钱，他就捕捉了许多萤火虫放在多孔的罐子里，利用萤火虫光来看书．最后做了大官。这就是"囊萤夜读"的故事。

生物小链接

萤火虫的发光原理是：萤火虫有专门的发光细胞，在发光细胞中有两类化学物质，一类被称作荧光素，另一类被称为荧光素酶。荧光素能在荧光素酶的催化下与氧气发生反应，反应中产生激发态的氧化荧光素，当氧化荧光素从激发态回到基态时释放出光。

化学语言——蚂蚁的通信方式

下了两天半的毛毛雨，今天下午终于停了。小智他们觉得好几天没看到太阳了，于是，都迫不及待地跑出了屋门，来到院子中间呼吸一下新鲜的空气。小明在墙边的旮旯处无意中看到了一大群蚂蚁，它们忙忙碌碌的，你追我赶不亦乐乎的样子，他连忙叫来小智和小欣说："看它们在干什么呀？"看着一大群蚂蚁似乎像有人指挥一样那么井然有序，小智他们三个人也陷入了深深的思考，顾不上再多看几眼忙碌的蚂蚁了，连忙跑进屋里，打开电脑，查找关于蚂蚁生活的知识，想从中找到他们想要的结论。

蚂蚁住在黑暗的地下巢穴里，地道网很复杂。它们成天忙碌地进出巢穴，寻找、搬运和贮藏粮食，还要产卵繁殖，躲避敌害，整个蚂蚁家庭里显得井然有序，有条不紊。它们默不作声，又是怎样表达各自意图的呢？按照电脑显示的资料，小智他们开始一个个寻找答案。

蚂蚁是用一种特殊的"化学语言"来通信的。两只蚂蚁碰上了，一方或双方把化学物质传递给对方。这是一种复杂的化合物，这种化学信号，对蚂蚁神经发生刺激作用，使蚂蚁知道要做些什么。

蚂蚁在巢外觅食时，一面爬行一面用脚断断续续地留下一条气味痕迹。这是一种告诉伙伴踪迹的激素，一旦单个蚂蚁发现食物时就放出这种物质。哪里食物多，哪里激素就多；相反，浓度就少。大群蚂蚁根据这种信息，就知道到哪里去寻找食物。同一个地方，往往引了许多蚂蚁前去，一起散布气味，就变成一条几厘米宽的气味长廊。这种气味一般只能保持一两分钟，但最长的也可维持好几天。气味及时消失也有好处，可以不致受到旧痕迹干扰，也免得群聚过多。

蚂蚁还会发出另一种信息，叫警戒激素，用于向同类报告危险。由于这种激素浓度和前一种不一样，蚂蚁做出的反应也不同。警戒激素散发到空气中，形成一个几厘米的"警戒圈"。如果浓度较低，只能使工蚁和兵蚁做出反应，圈内的蚂蚁就做好防卫和格斗的准备。如果浓度增大，就会引起群体的反应，蚂蚁纷纷钻进蚁巢，扶老携幼地逃奔和疏散到别处去。有的蚂蚁，还要顽强抵抗一番；有的甚至东逃西窜，自相攻击，乱成一片。警戒激素主要是酮、醛类化合物，如柠檬醛、香茅醛等，除了报告危险外，还有防御的作用。

有趣的是，蚂蚁死去了，还会发出化学语言。原来，蚂蚁尸体分解时会产生肉豆蔻脑酸、棕榈油酸等四种普通脂肪酸的混合物质，其他蚂蚁得到信息后，就将它搬出巢外。如果把这种物质涂在活蚂蚁身上，其他蚂蚁则不管死活，照搬无误，即使被搬的蚂蚁百般挣扎也无济于事，如果它再爬回巢内，也会再被搬出去，直到气味消失为止。

蚂蚁主要有10种基本的信息素，几种信息素还能相互结合表示一种新信息，因此它足以使蚂蚁群互通各种信息了。

生物小链接

蚂蚁是完全变态型的昆虫，要经过卵、幼虫、蛹阶段才发展成成虫。蚂蚁的幼虫阶段没有任何能力，它们也不需要觅食，完全由工蚁喂养；工蚁刚发展为成虫的头几天，负责照顾蚁后和幼虫，然后逐渐地开始做挖洞、搜集食物等较复杂的工作。有的工蚁个头大，头和牙也大，经常负责战斗保卫蚁巢，也叫兵蚁。

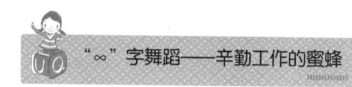

"∞"字舞蹈——辛勤工作的蜜蜂

"十一"长假，小智他们三个一直在爷爷的乡下忙活着，收获很大，明天爸爸要开车来接他们返程了。几天来的相处，爷爷还真的有些舍不得三个小朋友呢！

一大早，爷爷就过来问："明天你们要走了，还想看点什么呀？"小智摇了摇脑袋说："想看的多了，可现在说不出来了。"爷爷笑着说："不要急，今天爷爷带你们看看蜜蜂，它可是人类的好朋友，而且它们辛勤工作的精神实在是我们人类学习的榜样。"

爷爷刚说完，小智他们三人就从床上跳起来，拉着爷爷就走。转过后门的山坡不远，张爷爷的养蜂场就在眼前了。大家围着张爷爷的蜂场转了一圈，满地的蜂箱让孩子们不知道从哪儿看起好了。于是性格开朗的张爷爷马上开始滔滔不绝地介绍。

每年从五月开始，就进入了春暖花开的季节。从蜂房到花丛中间，蜜蜂飞来飞去，忙个不停，采集着花蜜和花粉。蜂房离采蜜地点常常有几公里路，如果采蜜地点附近花儿稀少，还得飞到更远的地方，这些蜜蜂真的是很辛苦呀！

蜜蜂怎么知道哪些地方花儿多呢？原来这全靠蜜蜂的"侦察兵部队"。蜜蜂之间可以相互传递消息。蜜蜂发出的嗡嗡声是语言吗？不是，因为它们是"聋子"，根本听不出任何声音来。那么，蜜蜂间怎样来通风报信的呢？蜜蜂是用"舞蹈"做信号，指示花儿在哪些地方，好让同伴们一同去采蜜。蜜蜂能够用各种不同形式的舞蹈，告诉它们的伙伴花儿离蜂房有多远。

蜜蜂每次采蜜归来时，总是在蜂房上空欢乐地飞舞个不停。有时，它顺着一个方向，或者倒转一个方向兜圈儿；有时，它一会儿左、一会儿右地兜半个

圈儿。其他蜜蜂从舞蹈的不同形式及飞行圈数的多少，就会知道花儿离蜂房有多远了。

路程是知道了，可是该向哪个方向飞呢？蜜蜂是靠太阳来辨别方向的。在一天中，蜜蜂舞蹈的方向是随时间不同而变化的。蜜蜂是依靠蜂房、采蜜地点和太阳三个点来定方位的。蜂房是三角形的顶点，而顶点角的大小是由两条线决定的：一条是从蜂房到太阳，另一条是从蜂房到采蜜地点的直线，这两条线所夹的角叫"太阳角"，是蜜蜂的"方向盘"，蜜蜂向左先飞半圈，又倒转过来向右再飞半个小圈，飞行路线就像个"∞"。蜜蜂有时从上往下飞，有时又从下朝上飞，而飞行直线同地面垂直线的夹角，相当于太阳角。蜜蜂正是从这种角度的大小来确定采蜜地点的方向的。

如果蜜蜂跳"∞"舞时，头朝上直飞，太阳角是零度，意思是说朝太阳飞去，就是采蜜地方。如果跳舞时头朝地直飞，太阳角是180°，意思是说背太阳方向飞去，就是采蜜的地方；如果蜜蜂跳"∞"舞时，飞行直线同地面垂直的左面夹角是45°角，意思则是说向左太阳角60°方向飞去，那里是采蜜的地方。如果碰上坏天气，阴云密布，没有太阳，也看不见空中的极化光，蜜蜂就失去了辨别方向的能力，那时候它们也就不去采蜜了。

生物小链接

蜜蜂群体中有蜂王、工蜂和雄蜂三种类型的蜜蜂，群体中有一只蜂王，1万～15万工蜂，500～1500只雄蜂。蜜蜂源自亚洲与欧洲，由英国人与西班牙人带到美洲。蜜蜂为取得食物不停工作，白天采蜜、晚上酿蜜，同时替果树完成授粉任务，也是农作物授粉的重要媒介。

第4章　动物王国

　　动物王国中的全体成员们广泛分布于地球上所有海洋、陆地，包括山地、草原、沙漠、森林、农田、水域以及两极在内的各种生境中，成为自然环境中不可分割的组成部分。

　　地球是个大家园，因为有了动物群体，地球才不会失去平衡。人类的发展与各种动物的生存息息相关，一提起它们，我们自然想到了狼、虫、虎、豹等。

狮虎相争——壮观的场面

春天是参观动物园的最佳时节。小智所在小组的同学们约好周六去动物园的狮虎山。在路上大家就讨论狮子和老虎在一座"山"上，到底谁厉害的问题。来到动物园，不一会儿，小智几个人就找到动物园的饲养员叔叔咨询了这个问题。动物园的叔叔是这样给他们介绍的。

在我们的动物园，只有老虎，我们的狮虎山是沿用过去的名字，所以说它们是碰不上的。即使在野生环境下，狮子和老虎也是碰不到的。老虎生活在亚洲，而狮子主要生活在非洲，它们各霸一方，有狮子的地方没老虎，有老虎的地方没狮子，因而根本没有机会一决高低。在生态学上，它们都位于食物链的顶端，都是最凶猛的食肉猛兽，因而占据相同的生态位。所谓生态位是指动物在生物群落中的作用，它与自己的栖息空间、食物等密切相关。根据生态学上的竞争排斥原理，相同生态位的动物不可能和平共处地生活在一起，必定要发生竞争排斥现象，因而狮虎不能在同一地区共存。

迄今为止，可能没有一个人见到过狮虎搏斗惊心动魄的场面。对于狮虎究竟谁强这个问题，至今仍是一个千古悬案，我们只能根据现有的有关狮子、老虎的一些生物学资料，推断它们决斗的胜负。从单只狮虎的实力来看，老虎的胜率要高。首先，老虎栖息于山林中的隐秘之地，神出鬼没，性情残酷且狡猾；而狮子生活在宽阔的大草原或荒漠地带，性情相对开朗而老实。其次，雄狮比较懒散，一天中绝大多数时间在睡觉或休息，捕食任务主要由雌狮担任，而老虎没有这种情况。再次，虽然狮虎都吃人，但老虎吃人的例子要多于狮子。最后，老虎的捕食本领比狮子高明，它会施展伏击术，勇谋结合地捕获猎物；而狮子捕猎大都靠快跑紧追。因此，若是让一只狮子与一只老虎单打独斗，狮子很可能斗不过老虎。但是，如果在自然条件下狮子老虎相遇，老虎则可能不是狮子的对手。因为狮子性喜集群，经常是一个家族或几个家族联合起来共同生活；而老虎却乐于独来独往，除了繁殖期雌雄到一起外，平时都是孤独的捕食者，从不合群。所以，让一只老虎去打一群狮子，必败无疑。这样，老虎若不联合起来，最后肯定被一群狮子各个击破。由此，我们也可以理解动物集群的优势。

狮子与老虎在自然界相遇实际上是不可能的，而让一只狮子与一只老虎单独打斗倒比较容易实现。1992年10月17日的《北京晚报》报道了一场狮虎争斗，那是9月20日晚，俄罗斯明星大马戏团在南京五台山体育馆演出时出现的惊险一幕，一只西伯利亚雌虎和一只非洲雄狮发生激烈争斗。

雌虎和雄狮是在表演"人在群兽中"的节目时发生争斗的，该节目演到一半时，雌虎认为雄狮侵占了它的地盘，便首先向雄狮发起攻击。在激烈的狮虎打斗中，雌虎抓住战机一口咬住雄狮的脊背，并将雄狮紧紧压在圆形网的边角处，使其动弹不得，只能干吼。幸亏驯兽员采取紧急措施，老虎才松口，而虎口脱险的狮子则趴在地上吭哧吭哧地直喘粗气。老虎果真打败了狮子。

生物小链接

狮子，是一种生存在非洲和西亚的大型猫科动物，其雄性的鬃毛是其特征之一。古代中国是没有狮子的，有关狮子的记载最早来自佛经的描述，大概在唐朝，才有人从西域引进狮子。狮子在中国的影响很大程度来自佛教对中国的影响，因为狮子在佛教中是威武的象征，中国传统中门前的石狮就来源于佛教。

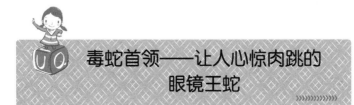

毒蛇首领——让人心惊肉跳的
眼镜王蛇

听了动物园的饲养员叔叔介绍完狮虎之争以后，大家这才恍然大悟，原来这两个庞然大物事实上不生活在一个地区呀！几个人又向叔叔请教了动物园里还有哪些好去处后，告别了叔叔继续往动物园里面走。

没走多远，小欣他们来到了蛇馆。动物园的管理员叔叔介绍说："咱们动物园新近从云南引进了两只大蛇，刚刚对游客开放参观，我带你们去看看吧。"

几个小家伙一听，再次对叔叔表示感谢。转了两个山弯，来到一处游人不太多的地方。叔叔用手一指前面说："前面就是我们要去的地方，大家可不要害怕呀！"大家来到叔叔所指的饲养蛇的高大的铁网棚子前面。"啊！"小欣吓得大喊一声，并伸了伸舌头。

原来，铁网棚子里横着两条有1米多长的大蛇，下半个身子还拖在地上，口里不停地伸吐着蛇信，令人毛骨悚然。动物园叔叔看到小同学们的样子，笑呵呵地说："这种蛇就是我们所说的毒蛇之王——眼镜王蛇，下面我给大家介绍一下毒蛇吧。"

看到毒蛇，人们都十分恐惧，因为在毒蛇出没的地区，毒蛇咬死人的事件屡见不鲜。而提起眼镜王蛇，更使人心惊肉跳，因为它是世界上最毒的蛇之一，我们面前的两条蛇就是这种。

眼镜王蛇主要分布于我国长江以南各省200米以上的高山地区。它喜欢栖居在溪塘附近，隐匿于岩缝或树洞内。它和眼镜蛇一样，被激怒时能使身体的前半部竖立起来，颈部两边变得扁平，远望如同一张戴着眼镜的脸在左右摇摆。眼镜王蛇一般都是白天出来活动，夏天炎热时傍晚也能见到，它后半身缠绕在树枝上，前半身悬空下垂或昂起，不仅吞食鼠、蛙、鱼、鸟等，还捕食其他蛇类，甚至有时连同类也不放过，可见它的残暴。

眼镜王蛇的毒液成分复杂，含有神经毒素、血液毒素、各种酶及多种溶细胞素。平时毒液贮存在眼后皮下的毒腺里，咬猎物时毒液靠肌肉收缩挤压通过毒牙排出。人如果不慎被它咬伤，就会感到一阵麻木，这种麻木从伤处传到全身，使人头晕目眩、四肢无力、呼吸急促，必须及时抢救，否则不到1小时就会死亡。更可怕的是，眼镜王蛇有时还会喷射毒液，射程可达1~2米。它体大力强，不要说一般小动物，就连猴子和猩猩见到它也会吓得魂飞魄散，夺路而逃。眼镜王蛇行动迅速，在草上爬起来疾走如飞，动物和人碰到它都难以逃脱。

长期以来眼镜王蛇被人类捕捉杀戮，作为餐桌上的美味、工艺品(蛇皮)以及药物(蛇胆和毒液)。凡在野外被人类发现者，均遭捕杀，难有幸免。目前，其种群数量已急剧下降，野外难得一见，处于濒危状况。现在中国的部分动物园及养蛇场虽有饲养，但其饲养的眼镜王蛇都是野外捕捉。由于多种原因，至今还没有在饲养环境下正常产卵孵化的报道，人工饲养的蛇，往往在一两年内死去，因此，通过繁殖以增加种群数量的目的一时难以达到。在这种情况下，保护眼镜王蛇的自然生态环境，遏止或杜绝对野生眼镜王蛇的捕杀，是眼镜王蛇生存下去的唯一希望。

如不及时采取保护措施，眼镜王蛇有灭绝的可能。目前，眼镜王蛇已被列入《濒危野生动植物种国际贸易公约》附录II中。中国的海南省、贵州省已将它列入省级保护野生动物名录。

生物小链接

眼镜王蛇，又称山万蛇、过山风波、大扁颈蛇、大眼镜蛇、大扁头风、扁颈蛇、大膨颈、吹风蛇、过山标等。它性情凶猛，反应极其敏捷，头颈转动灵活，排毒量大，是世界上最危险的蛇类。在眼镜王蛇的领地，很难见到其他种类的蛇，它们要么逃之夭夭，要么成为眼镜王蛇的腹中之物。

翩翩起舞——孔雀开屏为哪般

小智他们几个拉着动物园的叔叔转来转去，又来到了饲养孔雀的地方。小明对叔叔说："我们大家对孔雀开屏不知道是怎么回事，请您给我们介绍一下好吗？"动物园叔叔说："当然没问题。"

孔雀产于亚洲南部，有两种：一种叫中国孔雀，也称绿孔雀，产于我国云南西双版纳和东南亚各国；另一种叫印度孔雀，也称蓝孔雀，产于南亚。孔雀开屏是用来求偶，吸引雌孔雀的注意。为了吸引异性，每年春季，尤其是三四月份，孔雀开屏最多。

　　凡是到过动物园的人，都会被雄性孔雀的漂亮羽毛所吸引，特别是孔雀正在开屏的时候。你看，它竖起了那五彩缤纷的尾羽，昂首阔步走着的时候，吸引了多少游人的注意力啊！孔雀为什么会开屏呢？有人说孔雀开屏是与人比美。这个答案正确吗？

　　要回答这个问题，我们应该首先来了解孔雀在什么季节开屏最多。孔雀开屏最繁盛的时候是在三四月份，生活在我国云南雨林里的野生孔雀也是在这个时候开屏的。这个时候正是它们的繁殖季节，所以孔雀开屏现象和繁殖有密切的关系，是孔雀的一种求偶表现。这种行为是动物本身生殖腺分泌出的性激素的效果。随着繁殖季节的过去，这种开屏的现象也慢慢消失了。因此，把孔雀开屏说成是为了比美，这只不过是人们的主观猜测罢了。

有人说，当孔雀受惊或遭遇敌害时，不是也会开屏吗？特别是小孔雀和母孔雀更是如此，这种现象该怎样解释呢？

凡是注意观察自然现象的人，都会注意到，当猎食动物如鹰、黄鼠狼等向带着鸡雏的母鸡进攻时，母鸡不是也会竖起它的羽毛和敌害作斗争吗？这种动作只是它们的一种防御反应，孔雀受惊时的开屏动作也是如此。这种开屏和求偶开屏动作的原因是不同的。

有人说，有时孔雀会在穿着艳丽服装的游客面前开屏，这不是一种比美的行为吗？我们动物学工作者认为，大红大绿的衣服颜色、游客的大声谈笑，可以刺激孔雀，引起它们的警惕戒备。这时孔雀开屏，也是一种示威、防御的动作。

孔雀的羽毛可编作扇子，封建帝王还用它作车盖，因此自古孔雀就是猎人捕捉的对象。现在自然界中的绿孔雀的数量已相当稀少，1980年，孔雀被列入国家二类保护动物。

生物小链接

孔雀被称作"百鸟之王"，是最美丽的观赏鸟之一，是吉祥、善良、美丽、华贵的象征，有特殊的观赏价值。羽毛被用来制作各种工艺品。而且人工饲养的蓝孔雀，具有高蛋白、低能量、低脂肪、低胆固醇的特点，可做成高档珍馐佳肴。

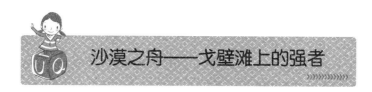

沙漠之舟——戈壁滩上的强者

　　小智的生物小组自从参观了动物园之后，对野生动物种群产生了极其浓厚的兴趣。今天下午放学后，小智、小明和小欣三人没有回家，缠着曲老师给他们讲讲关于骆驼的故事。

　　曲老师出差半个月，刚刚回来，也好长时间没和大家沟通了，首先询问了一下生物小组的最近活动情况，然后，就按照三个人的要求，给他们介绍起这个动物界中的庞然大物。

　　骆驼，是戈壁滩上的最强者。它耐饥耐渴、性情温顺、不畏风沙、善走沙漠，被世界公认为"沙漠之舟"，是沙漠地区必不可少的交通运输工具。

　　骆驼属于哺乳纲骆驼科的反刍动物，有单峰、双峰两种，单峰驼产于阿拉伯和北非地区，双峰驼产于中亚戈壁沙漠和伊朗高原。我国所产的骆驼是双峰驼，身高2米，重约450公斤，寿命可达35~40岁。骆驼原为野生，4000多年前被驯化，现野生骆驼在世界上几乎已绝迹，仅在我国内蒙古西部、新疆戈壁和甘肃北部等人迹稀少的地方还能发现，被列为国家一级保护动物。

　　由于沙漠环境恶劣、气候干燥，昼夜温差很大，水源植物稀少，骆驼长期在沙漠生活，身体机能具有超强的适应能力。它的眼有两排又长又浓的睫毛，耳壳内有密生的耳毛，鼻孔内有挡风瓣膜，可以阻拦风沙的侵袭。它的足底有约0.5厘米厚的肉垫，可耐受沙漠70~80℃的高温或冬季的严寒。骆驼全身披有约10厘米长的褐色绒毛，冬天可以用来抗寒，夏季在绒毛与皮肤间形成降温的间隙，能防止高温辐射热。

　　骆驼有惊人的耐力，在气温50℃、失水达体重的30％时，仍能20天不饮水，还能负重200公斤以每天75公里的速度接连行走四天。骆驼的驼峰是用来储存脂肪的，最多时能装载50公斤脂肪，约占体重的1/5。骆驼的胃和肌肉能贮存一定量的水，它的第一个胃囊内有20~30个水脬，一次可贮水近百公斤。在一时找不到食物和水的情况下，它可以动用贮存的脂肪和水维持生命。另外，骆驼的嗅觉特别灵敏，能在1.5千米内辨察和感觉到远处的水源，在茫茫的沙漠里，这个本领可谓至关重要。

　　野骆驼生活于极端干旱的戈壁滩和沙漠之中，那里人迹渺无，动植物极其稀少。由于无水，其天敌（狼、豹等）也无法生存。自卫能力不强的野骆驼，为了避开天敌的侵害，凭着独特的生理机能，选择了不毛之地生活并繁衍后代。

野骆驼为了获取美妙的食物，有时也悄悄来到沙漠中的绿洲，那里水草肥沃，食物丰富，但是这要冒着生命危险，因为那里也正是恶狼出没的地方。有一次，一头公驼离开了戈壁区来到水草地，被恶狼发现，狼向公驼扑去。机警的公驼顺来路向戈壁深处逃去，恶狼死追不放。追过30公里以后，野骆驼已无影无踪了。恶狼还不甘心，顺着蹄印寻找，追到40公里时才大失所望，只好垂头丧气地返回。这时，烈日当头，热风烧灼，气温高达50℃，戈壁滩连一滴水也没有，狼在返回途中干渴而死。公驼凭着善跑的本领，摆脱了天敌的追击，终于返回安全的戈壁腹地。

生物小链接

由于沙漠地带软软的，人脚踩上去很容易陷入，而骆驼的脚掌扁平，脚下有又厚又软的肉垫子，这样的脚掌使骆驼在沙地上行走自如，不会陷入沙中。

骆驼熟悉沙漠里的气候，如有大风快袭来时，它就会跪下，旅行的人可以预先做好准备。骆驼走得很慢，但可以驮很多东西，是沙漠里重要的交通工具，人们把它看作渡过沙漠之海的航船，有"沙漠之舟"的美誉。

多重功能——神奇的大象鼻子

　　昨天，曲老师给小智他们重点讲了"沙漠之舟"骆驼的生活，三个小家伙在回家的路上就商量着，明天还应该从曲老师那榨出来点什么有趣的知识呢？三个人商量来商量去，最后一致决定，要曲老师明天给整个小组的人介绍一下自然界中的庞然大物——大象。

　　上午的第二节课正好是生物课，大家在课堂上就提出要曲老师给全班同学介绍一下大象的生活习性，曲老师当然会满足大家的求知欲，于是打开了自己的话匣子，口若悬河地讲起了这堂动物课。

　　说起大象，我们必须要说的就是它那长长的大鼻子，鼻子是大象最引人注目的特征。大象时常竖起长长的鼻子，在空中摆动，可嗅出几百米外甚至更远的味道，它还可判断出是否有危险，一旦发觉有危险，要么是逆风而逃，要么便猛冲，决一死战。大象的鼻子像人手一样灵活，这话不算夸张。它伸长鼻子，能轻而易举地把树上的果子和枝叶掠下，然后再用鼻子卷起，送进嘴里；若是想吃地面上的草，连根拔起时，会在腿上拍打掉泥土再送到嘴里吃；它还能用鼻子品味是否有好吃的食物。

　　大象的鼻子还可用来吸水。大象干渴的时候，把鼻子插进河水中"咕嘟嘟"地吸起水来。真像一部小型抽水机，一会儿工夫，它就喝足了。对此，可能有的人很怀疑，象鼻子主要是用来呼吸的，用它喝水时，水不会呛入肺部吗？其实，这种担心是多余的。原来，在象的鼻腔后面、食道上方，有一块特殊的软骨，起到"阀门"一样的作用。大象吸水时，喉咙部位的肌肉收缩，"阀门"关闭，水可以顺利进入食道，而不进入气管。饮水后，喷出鼻内残留的水，这时，"阀门"自动打开，呼吸正常进行，这种巧妙的结构，真是妙不可言！

大象的生活离不开水源，在大热天要用鼻子吸足水，然后喷洒全身，这是比淋浴还方便的洗澡机。同时，大象还常用鼻子往身上涂泥巴或沙子，以防止蚊虫叮咬，保护皮肤。

大象的鼻子末端突起上面分布着丰富的神经细胞，触觉很灵敏，能捡起掉在地上的铁钉或小针。

大象的鼻子还是防身自卫的武器。大象对付那些身小力薄的野兽时，易如反掌，即使遇上猛兽，它也不怕，它先挥动鼻子抽打敌人然后将它卷起抛入空中，摔个半死。受过教训的敌人，谁还敢向它挑战呢？

大象还能用鼻子帮人搬运呢。经过驯化的大象能轻松地卷起几百公斤重的树木或货物，一头象抵得上20~30个人的劳动力。在缅甸和泰国都建有"大象学校"，大象毕业后，便分配到深山老林中当"搬运工"。

大象的鼻子怕老鼠吗？以往有这样的流传：大象怕老鼠钻入鼻子，使它喘不过气。其实这完全是讹传。英国动物学家格尔兹克做过下面的实验：他把一只老鼠放在大象附近，象马上走近老鼠，把长鼻子伸过去，而老鼠却拼命逃走，即使老鼠真的钻进象鼻子里，象也能把它甩出。

象的鼻子为什么那样长？这是大象为适应环境经过漫长的年代进化而来的。原来象的祖先的鼻子和个子都没有现在这样大。后来，为了适应生活环境的需要，身体渐渐高大，四肢越来越长。为了从地面取食，在长期生存斗争中，象的上唇慢慢延长了，鼻子在上唇上边，自然也逐渐伸长，这样取食、拾物就更方便了。

生物小链接

大象是群居性动物，以家族为单位，由雌象做首领，每天活动的时间、行动路线、觅食地点、栖息场所等均听雌象指挥。而成年雄象只承担保卫家庭安全的责任。在哺乳动物中，最长寿的动物是大象，据说它能活70岁以上。

杂食黑熊——生存力极强的动物

上个周日，小智他们去了一趟动物园，回来后又听曲老师讲了两次生物课，大家仍然觉得意犹未尽。好不容易挨到了周末，星期六早上，小智就约齐了小组的全体成员再次进军狮虎山公园。这次的计划很明确，主要是去了解大家最感兴趣的两种动物——黑熊和猴子。

都说小欣聪明，一点不假。上周临别时，他就要来了动物园叔叔的电话，昨天晚上就和叔叔约好了。这不，他们还没进动物园的大门呢，就远远地看见叔叔正等在门口。大家一起问好之后，叔叔领着他们直接来到了饲养大黑熊的地方。

大家一边看着两只庞然大物，一边听叔叔的讲解。

在我国，黑熊也被称为狗熊、熊瞎子。黑熊属林栖动物，特别是植被茂盛的山地。在夏季，它们常在海拔3000米甚至更高的山中活动，到了冬季则会迁居到海拔较低的密林中去。为了生存，它们偶尔也会游荡到平原地带。

在我国，熊分布在黑龙江、吉林、辽宁、陕西、甘肃、青海、西藏、四川、云南、贵州、广西、湖北、湖南、广东、安徽、浙江、江西、福建、台湾、内蒙古等地。

黑熊的头部又宽又圆，顶着两只圆圆的大耳朵，形状颇似米老鼠。它们的眼睛比较小，但有彩色视觉，这样它们就能分辨出水果和坚果的不同了。黑熊的口鼻又窄又长，呈淡棕色，下巴则呈白色。黑熊的毛虽不太长，头部两侧却长有长长的鬃毛，让它们的大脸更加宽大。黑熊以四只脚掌着地行走，属跖行类动物。它们的四肢粗壮有力，脚掌硕大，尤其是前掌。脚掌上生有五个长着尖利爪钩的脚趾，但它们的爪钩不能收回。另外，和其他熊科动物一样，它们的尾巴也很短。

黑熊是杂食性动物，以植物为主，喜欢各种浆果、植物嫩叶、竹笋和苔藓等。它们也爱吃蜂蜜，还有各种昆虫、蛙、鱼以及腐肉。它们偶尔也会闯入农庄捕食家畜，不过这种行为自然会招致人类记恨，并使得它们因此惨遭屠戮。黑熊对人类的惧怕远远超过人类对它们的恐惧，因此黑熊一般都会远离人类。

它们通常只有在感到威胁或保护幼子的情况下才会袭击人类。当然，无缘无故袭击人类的事件也发生过。

黑熊多数时候在夜间出行，白天则躲在树洞或岩洞中休息。到了秋天它们更少在白天外出。别看它们身体笨重，但却是游泳和爬树的好手。它们也能长时间依靠后腿站立，并利用前爪攻击对手或者获得食物。

黑熊具有冬眠的习性。但是并非所有的黑熊在冬季到来之时都会全程冬眠，尤其那些居住在炎热地带的黑熊。有些地区的黑熊整个冬季都会躲在洞中睡觉，而另外一些只在冬季气候最恶劣的那几天冬眠。需要冬眠的黑熊会在夏季季末开始四处狂吃，以便储存足够的脂肪。冬眠期间它们新陈代谢的速度将降低一半，也不再排泄，而是把排泄物转化成蛋白质，这种本领是我们人类所不具有的。

野外的黑熊，如果没被人类以及其他天敌杀害，也没被逮去活熊取胆的话，最长寿命约有25年。圈养状况下最高纪录则为33年。

生物小链接

黑熊妈妈每次能生下2~3个孩子。和其他种类的哺乳动物相比，刚出生的黑熊宝宝显得小得可怜，体重大概只有200~3000克。这是因为黑熊妈妈在怀孕期间不再进食，而是将体内的蛋白质分解成葡萄糖来为肚子里的宝宝提供养分。由于在母体内养分吸收不足，出生后的黑熊宝宝体型十分小。

溜须拍马——发生在猴子王国的趣闻

　　小智他们听完叔叔的讲解，大家一边走，一边聊，不一会儿来到了"猴山"。"猴山"是人们为了适应它们欢蹦跳跃的本能，特别制造的假山。大家看着这群蹦来蹦去的猴子那么开心，而且和睦地相处，不免发出了赞叹。

　　叔叔听到大家的赞叹声，接着说："其实猴子也不是像大家今天所看到的这样的情形，特别是野生猴的群体，也和其他动物群体一样，属于弱肉强食型。好，听我给大家讲一个动物故事吧。"

　　1992年6月中旬，在我国黄山地区的一群39只黄山短尾猴展开了一场争夺"王位"的战斗，引起了中外动物学家的强烈兴趣。这群短尾猴几年来一直在"独眼猴王"的统治下和睦相处。6月中旬的一天，一只年轻雄猴似乎觉得

"独眼猴王"已不配再称王，它把长期的不满发泄出来，向"独眼猴王"扑去。激战中，它击碎了老猴的下颌骨，接着又拼命撕咬它腰部的肌肉，直至老猴惨叫一声，让出猴王宝座。为了显示自己的尊严和权威，新猴王首先"软禁"了"老猴王"，并限制它的饮食。不久，他又强占了"老猴王"的"爱妃"，并摔死了"老猴王"与"爱妃"所生的不满周岁的"孩子"，真可谓斩草除根，不留后患。

在猴子的王国中也有等级之分。一般来说，在它们那里统治权是世袭的，这个和古代的皇权一样，"贵族"子女长大后可以继承"贵族"的头衔，老百姓的孩子长大后还是老百姓，绝不可越雷池一步。不过，"下层社会"的猴子及其子女们也不完全甘心失败，它们顽强地抵抗袭击它们的"贵族子弟"，经常趁"贵族"母猴不在时教训这些"纨绔子弟"。

猴子生活在一个非常复杂的有等级制的社会中，因而也使它们的头脑较一般动物复杂。它们为了更好的生存，纷纷设法多结盟友，以增强自己的实力。猴子们交朋友的途径之一就是帮助其他猴子。不过它们也很有心计，并非盲目地帮助，而是首先要了解谁有势力，谁没有势力。地位高的猴子权势大，地位低的猴子就会去趋炎附势，纷纷为它们效劳。猴子具有独特的"拍马屁"的方式，当一只猴子想向另一只猴子表示"愿意帮忙"时，它会向那只猴子梳理自己的毛发，意思是"我愿意为您效劳，帮您整理毛发"。有时，猴子们竞相巴结"权贵"并常常为此争风吃醋，大打出手。那些冲着高贵母猴梳理自己毛发的猴子常常被别的猴子打跑被取而代之，打得不可开交时只好由"德高望重"的猴子出面调停。

猴子打架是常事，打架的原因很多，一般是为了争食、闹着玩、怀疑对方对自己有恶意，尤其是雄猴简直不能看见任何其他雄猴与自己亲近过的雌猴在一起，但若是猴王和几只地位仅次于猴王的雄猴霸占它的"爱妃"，它也只好认倒霉。帮助别的猴子打架也是公开献媚求宠的表现，猴子都很聪明，只是在胜负已定的情况下才出手帮助，特别是当有势力的猴子惩罚它的下属时更是乐于帮助，很有一股"趁火打劫"的味道。猴子们知道谁是不可得罪的，它们深知帮助其他猴子攻击"猴王"是愚蠢的行为。在开始的那场猴王争斗中，其他猴子都是"坐山观虎斗"，因为它们也不知道谁是最终的胜利者。

生物小链接

猴子属于灵长类动物，主要特点是：四肢长并有明确分工，关节灵活而运用自如，拇指可与其他四指对握，双手具有一定的操作功能；具有辨别色彩的能力；双目和人类相似，长在头部前方，具有"双视"功能，能准确判断距离；上下颚短，脑腔很大，大脑发达，智力较高。

国宝熊猫——经济实用型动物的研究

小智他们告别了动物园叔叔，就商量着是回去还是再继续进行他们的考察。最后小欣说："我们往公园外面走，还有好多动物我们没研究过呢！"于是，大家一边讨论着动物园叔叔刚才给他们讲的故事，一边打打闹闹地往门口的方向走。

没走多远，突然看到前面的游客特别多，围着栅栏看着什么，他们也都凑过去。大家纷纷发出赞叹，原来是两只可爱的大熊猫，正在吃着竹子。

大家你一言我一语地议论开了："大熊猫最喜欢吃竹叶了。"还有的说："我就不信，看它的牙齿，我觉得它最适合吃肉了。"

此时，细心的小智一边观察着，一边打开带来的笔记本电脑，查找大熊猫的生活习性，大家也都纷纷围过来。

大熊猫的祖先是始熊猫，大熊猫的学名其实叫"猫熊"，意即"像猫一样的熊"，也就是"本质类似于熊，而外貌相似于猫"。

作为黑熊、北极熊等食肉动物的近亲，大熊猫却是一个素食主义者。一直以来，人们都对大熊猫的食性有着极大的兴趣。

大熊猫作为食肉动物的近亲，是否也具有食肉的天性？一般来说，食肉动物都具备锋利的爪和牙齿、相对较短的消化道等特征。大熊猫就具有这些特征，也具有食肉动物消化系统的全部遗传成分。我国古生物学家还发现了从食肉动物向素食动物转变的大熊猫化石。此外，大熊猫味蕾的形态、结构和分布都更像食肉动物而不像素食动物。同时，以上多项形态学和遗传学数据以及化石记录都表明，大熊猫的祖先是食肉动物。

　　这要归功于大自然的神奇和适者生存的生物进化法则。可能在大熊猫祖先演化的某个阶段，自然环境发生了变化，或许出现了恶劣环境，致使大熊猫祖先爱吃的肉类食物稀缺，但是在某个区域的竹子非常丰富，进而成为它们赖以生存的食物。或者，在大熊猫祖先的时代，同时生存着其他凶猛的食肉动物，大熊猫无法与它们竞争，只能改吃竹子才能生存。

　　我们通过对大熊猫、北极熊、狼、狐狸和猫等动物的调查发现，只有大熊猫的基因是假基因，丧失了感知鲜味的能力。同时，结合化石证据和前人对食肉动物分歧时间的研究，估算出大熊猫的基因成为假基因的时间大约在420万年前，这与从化石证据推测的大熊猫从食肉动物演化成素食动物的过渡时间基本一致，这为大熊猫吃竹子之谜提供了更丰富的证据，进一步证实了前人的科学假说。

动物的味觉主要感知各种氨基酸。肉类中含多种氨基酸，而竹子的氨基酸含量很少。这表明，基因的功能在大熊猫这里丧失具有物种特异性，这些一定与它特殊的食性有关。

在大熊猫演化的某个时期，可能由于肉类食物的缺乏，它们减少了对肉类的依赖，致使它的味觉基因成为非必需的基因，进而发生了功能限制的放松，最终假基因化，丢失了感知氨基酸的功能。也就是史前大熊猫不能感知肉类的氨基酸，慢慢地丧失了对肉类的兴趣，从而使大熊猫成为"经济实用型"动物。

生物小链接

大熊猫，一般称作"熊猫"，是世界上最珍贵的动物之一，数量十分稀少，属于国家一级保护动物，体色为黑白相间，被誉为"中国国宝"。

大熊猫适应以竹子为食的生活。大熊猫憨态可掬的可爱模样深受全球大众的喜爱。1961年世界自然基金会成立时就以大熊猫为标志，大熊猫俨然成为物种保育最重要的象征，也是中国外交活动中表示友好的重要代表。

狼群生活——动物界的群体

小智他们参观完大熊猫，查找完相关资料，并保存了起来，以供小组讨论。小明拉着小欣接着还要转转，大家的兴致也正高，于是大家又开开心心地逛了起来。

没走多远，小欣就往前跑，大家不知道怎么回事，都想看个究竟，想都不想就跟着跑过去，往前一看，都高兴起来了，原来是动物园的叔叔笑眯眯地在前面等着他们呢。叔叔告诉他们，前面不远就是饲养狼群的地方，可以带他们去看看。

果然，在前面的铁栅栏里，大家看到了六只比狗略大的动物，叔叔说："这就是狼，而且是新引进的野狼，为什么这么多养在一起，因为狼属于家族生活的群体。"小智忙附和说："对，动物世界里，经常看到一群野狼围攻老虎，正所谓的'恶虎还怕群狼'，叔叔您说是不是这个道理呢？""对！现在我就给大家介绍一下狼的生活习性。"

狼的主要特征是它四肢矫健，适于奔跑，而且速度很快。狼集群或单独活动，栖息环境比较广泛，包括丘陵、森林、草原、荒漠等各种生活环境。或者占用其他动物的洞穴，有时也自己挖掘，洞长约2~4米，通常有几个入口。通常夜行，冬季有时白天也活动，喜欢在人类干扰少、食物丰富、有一定隐蔽条件下生存。最大狼群达36只，但一般不超过20只，我国最多一群达21只。

　　狼的食物成分很杂，凡是能捕到的动物都是它的食物，包括鸟类、两栖类和昆虫等小型动物，偶尔也进食植物性食物，狼还喜吃野生和家养的家畜和家禽等。

　　狼是家犬的直接祖先。在所有犬属家族成员中，狼的社会组织、体型与皮毛颜色均有很大变化。狼是所有陆地哺乳动物中分布最广的，但因人类的捕杀、垦荒等因素的影响使它们的数量锐减。狼还是一个机会主义者，由它的杂食性来判断，自有人类始，它就跟随人类的足迹而迁徙，吃人类丢弃的食品，或猎取家禽等，特别是在食物匮乏季节。人类由北半球区域内迁移时，狼群也跟随而至，当它们的父母被猎杀后，幼仔可能已经适应了同人类一起生活，从此驯养开始了。

　　狼群狩猎时会全体出动协力合作，在找寻猎物时多排成一纵队，以每小时25~40公里的速度慢慢前进，追赶猎物时，可一追数十公里，将猎物驱赶到很不好走的地方去，它们可以一直跟踪猎物，直到猎物筋疲力尽时，才加以击杀。

　　狼过着群居生活，一般7只为一群，每一只都要为群体的繁荣与发展承担一份责任。狼与狼之间的默契配合成为狼群成功的决定性因素，不管做任何事情，它们总能依靠团体的力量去完成。

生物小链接

狼，曾经广泛分布于世界各地，但目前狼的分布区域已大大缩小，特别是在北美和西欧。目前，在中国，狼主要分布在东北三省、内蒙古以及西藏人口密度较小的地区。

据资料介绍，狼的品种很多，现存有墨西哥狼、北极狼、北落基山狼、郊狼、北美洲狼、红狼、日本狼、印度狼等。已经灭绝的品种有基奈山狼、纽芬兰狼、德克萨斯灰狼、南落基山狼、纽芬兰白狼等。

第5章　鸟类拾趣

　　鸟是两只脚、温血、卵生的脊椎动物，它身披羽毛，前肢有翅膀。鸟的体型大小不一，既有很小的蜂鸟，也有巨大的鸵鸟。

　　鸟类种类繁多，分布全球，形态多样。目前全世界为人所知的鸟类一共有九千多种，仅中国就记录有一千三百多种。鸟是一个拥有很多独特生理特点的种类，大多数鸟类都会飞行，少数平胸类鸟不会飞。

　　为了更深入地了解鸟类，了解它们的习性，让我们再次随着小智的生物小组走进鸟类世界吧。

雍容华贵——珍奇的鹤类家族

星期天，因为天气不好，外面的雨很大，小智他们的原定计划只好取消了，三个人写完作业，开始在网络上玩游戏。

小欣说："咱们看电视吧，现在是播《动物世界》的时间，好久没有看到活泼可爱的动物和美丽的大自然了。"小智和小明一听，也急忙表示赞同。打开电视，正好在播放《动物世界》。

画面上出现的是一片湿地，主持人正在用抑扬顿挫的声音介绍丹顶鹤呢，不知不觉，三个小家伙就听得入了迷。

春节前，来鄱阳湖候鸟保护区过冬的白鹤数量超过600只，最多的一群有409只，这个数字大大超过了国际鹤类基金会所称的目前全世界只有320只白鹤。过去一到冬天鄱阳湖内枪声不绝，许多珍贵鸟类惨遭杀害。自1983年7月候鸟保护区建立后，33万亩湖区再无枪声。这么多白鹤飞临鄱阳湖越冬，是政府重视野生动物保护、动员人民保护鸟类的结果。

全世界共有15种鹤，中国就有8种，其中包括著名的丹顶鹤、白鹤、黑颈鹤等。丹顶鹤"雍容华贵"，体羽主要为白色，喉、颊和颈部为暗褐色，尾部覆有漆黑的飞羽，头顶上戴着鲜红的肉冠，身高腿长，确实给人一种美好的印象。丹顶鹤经常出现在古代诗词国画中，因常在诗画中与仙人隐士为伴，所以又称仙鹤。关于国画中的松鹤图，还曾有过一段有趣的争论。鸟类学家从科学的角度提出，国画中把丹顶鹤和松树画在一起是不符合实际情况的，因为鹤类都是生活在水草繁茂的开阔沼泽地区，那里根本没有松树；而且鹤类脚的构造，根本不适于栖立在树枝上。人们说的有时见到"鹤类"在树上栖息，实际是把鹭科动物误认为鹤类。这种说法虽然是正确的，但从艺术家、美学家的角度来看，"松鹤延年"乃是千百年来画家的一种艺术创造，即使缺乏科学依据，却富有艺术家的想象力，给人一种美的享受。因此，"松鹤延年"的作品至今仍不断出现。

事实上，丹顶鹤繁殖于湿地和沼泽地区，繁殖地主要在我国东北的黑龙江省境内。鹤类属于永久性配偶，一雌一雄回到繁殖地后，便开始选择巢址，以水草的茎、叶和芦苇等物筑巢。这时，它们已嫌头一年生的跟着它们一起去南方越冬的幼鹤"碍事"，于是将它们"逐出家门"。被逐走的幼鹤有时恋恋不舍，又飞回双亲身边，但父母亲此时已决意不再让子女留在身边，会再度将幼鹤逐出数里以外。逐走幼鹤后，幼鹤的父母开始专心进行配偶行为，它们一般四月产卵，五月上中旬小鹤陆续出壳。至十月上中旬，秋风阵阵，地上见霜，它们便开始离开故乡，南迁到江苏、江西、安徽等省的湖泊、沼泽、洼地及海滩去生活。

白鹤比丹顶鹤更为稀有，全身羽毛洁白，只有初级飞羽是黑色，头顶也有一块呈鲜红色，相貌高雅。鹤类，特别是白鹤，数量如此稀少，繁殖慢是一个原因。鹤类一般每窝产卵两枚，孵出后，幼雏互不相容，一有机会就互相猛啄，直到其中一只被啄死为止。亲鸟外出觅食时，这种事情时常发生。白鹤的这种情况最为严重。至今尚没有同一窝两只幼鹤都成活的报告。

一些动物学家认为，鹤类的这种同室操戈的行为是一种生存适应。较强壮的小鸟独占父母亲带回来的有限食物，特别是当食物难觅时，确实有利于保证种族繁殖延续后代。这种本能行为导致的结果是弱小的雏鸟往往成为牺牲品。

鹤类是我国珍奇保护类动物，此外，天鹅、鸳鸯、中华秋沙鸭、绿孔雀、冠斑犀鸟、金雕、玉带海雕、大鸨等，都是我国著名的珍稀鸟类，是我国宝贵的自然资源，我们对它们应加倍爱护。

生物小链接

国家一类保护的鸟类品种有：白鹳、黑鹳、朱鹮、金雕、雉鹑、蓝鹇、白鹤、遗鸥、白肩雕、拟兀鹫、胡兀鹫、褐马鸡、孔雀雉、绿孔雀、黑颈鹤、白头鹤、丹顶鹤、赤颈鹤、玉带海雕、白尾海雕、虎头海雕、细嘴松鸡、斑尾榛鸡、黑头角雉、红胸角雉、灰腹角雉、黄腹角雉、黑长尾雉、鸨所有种、短尾信天翁、白腹军舰鸟、中华秋沙鸭、四川山鹧鸪、海南山鹧鸪、虹雉所有种、黑颈长尾雉、白颈长尾雉。

暮鸟归巢——身藏惊人本领的鸽子

小智家的邻居张爷爷养着一大群鸽子，小智发现张爷爷的鸽子早上飞出去，晚上一定准时飞回来，似乎没有一个找不到家的。因此小智觉得很奇怪，一有空就缠着张爷爷打听是怎么回事。

张爷爷是大学退休的老教授，学识渊博，而且还是研究鸟类的专家。看到小智求知若渴的样子，心里喜欢得不得了，就开始兴致勃勃地给小智详细介绍了起来。

鸽子是大家非常熟悉的一种鸟。它朴实无华，没有漂亮羽毛作为装饰，通常以雪白、浅灰、褐色多见，在这种普通的外表之下，竟深藏着惊人的本领和未解的奥秘。

鸽子能穿越蓝天传递信息，速度快，方位准，令人叹为观止。它们是怎样在辽阔的天空中辨别方向、准确地找到目的地的呢？要知道，鸽子有时要飞越几百、几千公里的路程，这期间有数不清的障碍，包括崇山峻岭、大江大河，还要经受恶劣的气候变化的折磨等，它们是怎样将这许多困难一一克服的呢？

最初有人假设鸽子是利用太阳的位置来识别方位，认为鸽子有套辨别自己家与太阳方位的能力。当鸽子飞到一个陌生的地方时，能通过测定太阳方位的一小部分来推测太阳在中午的高度，把它与在自己家最后一次所见的太阳高度比较，通过测定家和移动区内的方位从而确定东西方向。但没有任何证据表明鸽子能测定经度以确定具体位置。目前一致认为太阳只能用于指南方向。但是不同意这种假设的人也提出疑问：鸽子在阴天或者雨天甚至夜晚仍能飞行，它又是靠什么来定向呢？

还有人提出了次声理论。他们认为鸽子对次声即频率极低的声波的敏感性很高，能分辨来自远方的人类难以听到的声音。试验也证明鸽子对次声特别敏感，但人们还无法证明，它究竟是怎样利用这独特的能力来导航的。假如说，鸽子能分辨来自数千公里外的同伴的叫声，但它们的听觉能力似乎又达不到，从这一方面来看，问题还不那么简单。

还有一种理论是说它们通过嗅觉辨别方向。有人把注意力放到了鸽子的嗅觉器官上，认为在每个地区有由挥发性气味物质以特定方式构成的嗅图。他们假设鸽子能在经过地区留下气味，这种特殊的气味在空气中形成一个看不见的网络。这一假设提出后，研究人员做出了大量的验证，他们在试验中麻醉鸽子的嗅觉器官，并用蜡把鸽子的鼻子塞住，可实验的鸽子放飞以后，居然顺顺当当地飞回旧巢，靠嗅觉定位的假设也被推翻了。

最后科学家提出了磁学理论。科学家们试图用磁学理论来解释鸽子的定向能力。地球磁场在广大区域上随不同地点和方向而不同，从而可为鸽子提供位置信息。磁场强度、磁倾角、磁偏角相互之间可形成网，在数百公里区域内，这些成分大致恒定，但在整个地球表面则是逐渐变化的。这些变化成分相互形成的网称为导航图，可用来进行定向。近年来的实验证实了磁导航的存在。当给鸽子的头上加上一块具有特定极性的人工磁铁后，鸽子的飞行不能进行正确的定向，每当太阳质子活动剧烈时，地球磁场受到干扰，鸽子的返巢率也随之大大降低。此外，初步的研究结果表明，在鸽子的颅骨下方的前脑中有长约0.1微米的针状磁铁。他们认为鸽子能利用地磁来定向，它们具有探测地球四个基点的能力，能接受到磁场反馈的变化信号。可是，也有人认为这些变化是极细微的，鸽子能否感受得到这些细微的变化，还需要足够的证明。

但是，有实验已经证明，磁感应能对鸽子产生影响。如果把一小块磁铁系在信鸽的头上，结果发现，若是晴天，似乎影响不大；到了阴天，信鸽就变得有些迷茫，找不到正确的方向。虽然这项试验结果并没能揭示信鸽定向的奥秘，但它从另一个角度开辟了研究的途径。

以上假说只能说明定向的某个方面，总之，当鸽子展开双翅，飞向蓝天云海时，它们显得那么自信从容，谁也不会怀疑它们的辨向能力。所以，数千年来鸽子一直是人类的朋友、忠实的信使。

生物小链接

公元前3000年左右，埃及人就开始用鸽子传递书信了。最早使用鸽子建立大规模通信网络，始于公元前5世纪的叙利亚和波斯。到公元12世纪的时候，巴格达城和叙利亚、埃及所有的主要城镇之间，都通过鸽子建立了信息联系，也是唯一的联系方式。我国也是养鸽古国，有着悠久的历史，隋唐时期，在我国南方已开始用鸽子通信。

鸟类海盗——海上强盗军舰鸟

小智和小明、小欣三人周日下午也没有出去，因为最近天气糟糕透了，阴雨绵绵。写完作业，三个人开始玩一种关于海盗的游戏。三个人你争我夺之下，打得不可开交。小欣还动用了军舰，小智也不甘示弱，各种武器全都用上了。

小明说了一句："实在不好使，我动用我的看家武器——海上强盗！"小欣问小明："你知道什么是海上强盗吗？""当然知道了，军舰鸟呗。"

一提起军舰鸟，三个人来了兴致，游戏暂停，开始查找关于军舰鸟的有关知识。三个小家伙，只要是与生物有关的话题，总是表现出强烈的一致性，兴趣盎然地共同查阅资料，不愧为生物小组的骨干成员。

军舰鸟生活在热带和亚热带海域。军舰鸟全身羽毛为黑色，两翼展开可达2.3米，由于它的羽毛缺乏防水能力，因此不会潜入水中捕鱼，只能捕食一些在海面上活动的鱼类、乌贼等，很难吃到水下面的大鱼。这样，长期的演化过程使它变成海上的"强盗"。

军舰鸟天生一对强有力的翅膀，有高超的飞翔本领，能在高空翻滚盘旋，也能快速直线俯冲。凭着这身本领，它常在空中袭击那些叼着猎物的海鸟，吓得其他海鸟惊慌失措，丢下口中的鱼仓皇逃命。这时它就会以惊人的速度冲下，凌空叼住正在下落的猎物，场面相当精彩壮观。军舰鸟抢劫的主要对象是红脚鲣鸟。它常用带钩的大嘴叼住鲣鸟的尾部，使鲣鸟疼痛难忍，不得不吐出口中的鱼；有时甚至迫使对方将贮存在喉部准备喂雏的鱼虾吐出。军舰鸟每抢到了一顿饱餐，就得意扬扬地飞走了，鲣鸟为了给自己充饥和喂养下一代，还需再次付出辛勤的劳动，因此军舰鸟有"强盗鸟"的"美称"。

　　每年二三月份是军舰鸟的繁殖期，它们的巢筑在灌木丛生的陆地上或树林中，成群的雄鸟从天而降，各自占领有利的地盘。雄鸟此时的特点非常明显，大口吸气使喉囊鼓胀起来，像是在脖子上挂了一个鲜红的大气球，十分醒目，为了吸引路过的雌鸟，它们还不停地扇动翅膀，发出"嘎啦嘎啦"的响声。雌鸟若选中了自己的"夫君"，就飞到雄鸟面前用头触擦雄鸟，表示同意雄鸟的求爱。于是它们开始共同营筑它们的家园，一般由雄鸟外出寻找枝条，雌鸟在巢地守候。由于鸟群太大，树枝经常不足，雄鸟之间常为一根枝条而发生争执，稍一疏忽，枝条还会被别的鸟偷走。巢筑成后，雌鸟产下一枚蛋，就开始由雌雄鸟换班孵卵。此时它们还经常从其他鸟巢中偷来树枝，修补自己的巢，真是恶习难改。一个半月左右，幼雏破壳而出，初生的雏鸟浑身无毛，眼睛也未睁开，十分脆弱。这时，亲鸟开始忙于觅食喂养雏鸟。一般由雄鸟觅食，雌鸟守护幼雏，因稍不留神，其他军舰鸟会毫不留情地将幼雏掠走吃掉。小军舰鸟生长十分缓慢，六个月后才学习飞行，双亲要照料它一年多才停止喂食。

军舰鸟虽然有些不讲公德，但由于它们数量不多，分布范围也相当有限，已经列入世界濒危鸟类的红皮书之中。

生物小链接

军舰鸟是一种大型热带海鸟，全世界目前已知的有5种，主要生活在太平洋、印度洋的热带地区，我国的广东、福建沿海及西沙、南沙群岛也有分布。

军舰鸟是世界上飞行最快的鸟之一，它胸肌发达，善于飞翔，素有"飞行冠军"之称。

以假乱真——杜鹃从不自己哺育后代

"中国古代有'望帝啼鹃'的神话传说。望帝，是传说中周朝末年蜀地的君主，名叫杜宇。后来禅位退隐，不幸国亡身死，死后魂化为鸟，暮春啼哭，口中流血，其声哀怨凄悲，动人肺腑，名为杜鹃。"语文课上，张老师抑扬顿挫的讲课声使全班同学都听得入了迷。

"大家知道杜鹃从来不自己哺育后代的事吗？"张老师接着提出了这样的问题，小智、小欣等都摇了摇头。"这个问题留给你们课后去查找有关生物学科的资料去了解。"

"丁零零"，最后一节课下课铃响了。小智几个人一转身就溜进了科学老师崔老师的电脑间去了。正好崔老师也在那里，于是三个人开始请教关于杜鹃从不自己哺育后代的问题。

杜鹃，又名布谷鸟，是著名的食虫益鸟，给人们留下了很好的印象。但是，杜鹃却有一件极不光彩的事，那就是雌杜鹃把自己的蛋下在别的鸟窝里，让别的鸟类替自己孵化出小鸟。

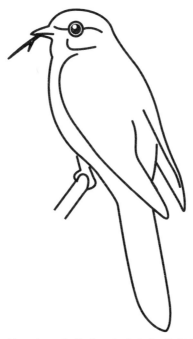

杜鹃从不养育自己的子女，这种"不负责任"的行为到底是怎么回事呢？第一，雌杜鹃此举是为了不让孩子被贪食的父亲吃掉，因为凶残的雄杜鹃见到刚下的蛋便吃；第二，雌杜鹃平均每年产下15枚蛋，只是中间间隔的时间很长，一般得从三四月份下到七月份，所以即使它有时间抱窝，也没工夫喂养，因为第一只雏鸟该喂食的时候，正是第二枚蛋刚刚孵的时间，之后的十几枚蛋还不知该如何处理。

杜鹃在长期的生存演化中练就了一套以假乱真的本领。它把自己所下的蛋，找到颜色、大小、斑点、花纹上与自己的蛋相同的鸟巢放进去。因此，其他的鸟类根本识不破，完全把它当作自己的蛋，以至于替杜鹃抚养子女。

据说，雌杜鹃为自己后代找窝的原则是窝主人的蛋它能区别出来。一般都是到快下蛋的时候，雌杜鹃便相中一个鸟窝。如果走运，趁窝的主人出去觅食的工夫，它大白天直接便把蛋下到窝里；如果情况不允许，它就下到地上，再用喙叼着送到"新居"。

小杜鹃往往比其他同一窝别的鸟类子女们先出世，它在出生后的30多小时内有把巢内的一切东西扔到巢外的本能行为，因此同巢中别的鸟蛋或刚孵出的小鸟往往被它们摔得干干净净。可怜的母亲还不知道自己的子女惨遭不幸，仍精心照料着巢内的小杜鹃。然而，小杜鹃却并不领情，十多天后羽毛丰满了，它便跟着在附近活动的"生母"远走高飞了。

生物小链接

"杜鹃啼血"出现的原因：在春夏之际，杜鹃鸟会彻夜不停地啼鸣，它那凄凉哀怨的悲啼，常激起人们的各种感性思考和想象，加上杜鹃的口腔上皮和舌头都是红色的，人们误以为它"啼"得满嘴流血，因而引出许多关于"杜鹃啼血""啼血深怨"的传说和诗篇。

重磅炮弹——鸟类对飞机的危害

星期天，小欣的爸爸休息，小欣看着爸爸满桌子的资料，感觉很晕。突然，一张照片吸引了小欣，他拿起来看看问爸爸："这飞机怎么被一大群鸟给包围了呢？"接着，再拿起来下面的一大堆照片："啊！这飞机怎么被鸟撞掉机翼了呀？"

爸爸笑着说："这个就和你们研究的生物学有关了，想听吗？爸爸给你讲一讲。

第一张照片是1987年3月18日下午，一千多只不知名的鸟飞临首都机场，迫使民航不得不临时关闭机场的一条跑道。这张照片正是那时候拍摄的。

1987年12月21日晚，一架美国总统专用的波音747飞机在训练飞行时，刚起飞不久就撞上一群天鹅，结果四个发动机有两个受损，许多天鹅被吸进发动机内，一个机翼也受到损伤，幸亏飞行员临危不乱，飞机才得以平安着陆。你说的飞机被撞掉机翼就是这种情况。"

随着民用和军用航空事业的迅速发展，航班次数的不断增加，鸟类与飞机相撞事故在不断发生，被公认是世界范围内的航空大问题。它们轻则使飞机上的人员受伤或使飞机受到一定的破坏，重则导致机毁人亡的惨剧。尤其是鸟类在3000米以下的低空飞行时，发生飞鸟撞机的情况更为多见。军用飞机训练时多在低空且飞行速度快，因此鸟撞事故屡见不鲜。据统计，飞机降落时发生鸟撞的次数占41%，起飞时占38%，其他则是在飞行时发生的。

为什么飞鸟对飞机的危害如此之大呢？这主要与飞机的飞行速度和结构有关。飞机的速度在20世纪二三十年代，时速仅200~300公里，鸟撞问题并不突出；40年代以后，飞机速度不断提高，喷气式飞机的速度接近了音速；50年代后歼击机的速度超过了音速；一般民用喷气式飞机时速也达700~800公里。飞机速度越快则撞击力越大。据计算，一只有0.45千克的小鸟撞在时速960公里的飞机上会产生22000千克的力量，而一只7.2千克的大型鸟与同样速度的飞机相撞会产生13万千克的力量。这样大的冲击力不论撞在飞机的什么部位上都是无法承受的。

另外，现代飞机上用的发动机主要是涡轮喷气发动机和涡轮螺旋桨发动机。这两种发动机都要从周围吸进大量空气，飞行时如同一张大嘴将迎面的气流吸入，如果飞鸟恰好在附近飞行，便会随着气浪像一颗颗"炮弹"似的冲进发动机，使发动机零件损坏或停转，造成飞行事故。

因此，为了防止发生鸟撞事故，应首先在鸟类迁徙线停歇的港口、沿海机场，研究鸟类种群迁徙的种类、数量、时间和特点，然后指挥和调度飞机的航班、起降时间和方位，机场周围的草也不宜太高，以免招引鸟类在草丛中筑巢、隐蔽或捕捉昆虫。如临时发生大群鸟类栖息机场，应临时关闭跑道，进行驱赶或捕捉。其次，在飞机制造上，对涡轮机或喷气机的设计进行改造，使其能承受小鸟的冲击力，尾翼若部分撞坏应仍能保持平稳降落。飞机外部的闪频灯、翼端尾灯等，特别是着陆时使用的大灯，应根据鸟类对光的行为设计，使用有助于驱散鸟群的光度、光色和光率，或在飞机上发出脉冲或连续的强光束，以驱赶鸟类。

生物小链接

全世界每年大约发生一万次鸟撞飞机事件，国际航空联合会已把鸟害升级为"A"类航空灾难。鸟撞飞机的次数也因地而异，其中澳大利亚为4.3次/万架次，法国为9.74次/万架次，非洲、南欧约为20次/万架次。

北极燕鸥——候鸟迁徙的冠军

今天下午的体育课，小智他们看见一群大雁排着整齐的队伍向南飞去，小欣突发灵感说："这些南迁的候鸟中，谁为迁徙的冠军？"小智嘿嘿一笑，说："这个问题你可难不住我，因为我昨天晚上恰好上网浏览了这些内容。"

根据吉尼斯世界纪录记载，候鸟迁徙的最长距离是北极燕鸥所创造的22530.2公里。1955年7月5日，在俄罗斯白海海岸的堪达拉克夏季禁猎区，一只系着标志带的北极燕鸥起飞，次年5月16日在西澳大利亚的法拉明多南面12.87公里的海面上被渔民逮住。

这种研究鸟类迁徙的方法称为环志法，运用这一方法，科学家们已经基本搞清了北极燕鸥的迁徙路径。原来，北极燕鸥在北极一带营巢繁殖，秋季开始南迁。它们南迁的主要路径有两条，一是沿着欧洲和非洲的大西洋海岸，另一条是沿着北美洲和南美洲的太平洋海岸。它们穿过南大洋的西风系，来到非洲南部和南美水域。在那里，北极燕鸥有相当丰富的食物，其中包括磷虾及众多的浮游生物，它们聚集在冰缘换羽，并养肥身体，等待来年再飞回它们北极的老家。

鸟类迁徙是自然界中最引人注目的生物学现象之一，世界上每年有几十亿只候鸟在秋季离开它们的繁殖地迁往更为适宜的越冬地。有关鸟类迁徙的原因，至今尚没有一个令人满意的答案。一般来说，可以从生态、生理、历史等因素来考虑。从生态角度讲，鸟类迁徙的原因是环境压力所迫，其中最主要的因素是季节性的气候变化。因为北方的夏天花草繁茂，昆虫繁生，为鸟类提供了丰富的食物，而且光照时间长，使鸟类有充分的时间进行育雏活动，有利于雏鸟的存活和生长，因而为鸟类提供了最适宜的繁殖地。

但到了冬天，北方是一片冰天雪地，食物贫乏，气候恶劣，除一些善于抵御寒冷气候的留鸟继续在北方生活外，大部分鸟类不得不离开它们的繁殖地，到南方越冬。而南方的夏天有时炎热干燥，有时季风多雨，又不适宜一些鸟类进行营巢等繁殖活动。另外，如果所有鸟类都在南方繁殖，势必造成南方有限资源的过度利用和北方丰富资源的闲置，所以到了春天，候鸟又鼓起勇气，经过长途跋涉，回到它们的故乡，繁衍后代。

这种季节性的气候变化，每年反复不断地发生，久而久之，这种后天获得的回归欲望就被保存在遗传记忆中，成为鸟类的本能。北极燕鸥隶属于鸻形目鸥科燕鸥属，是一种海洋鸟类。由于海鸟栖居条件，包括气候、水文状况、食物保证等季节变化的差异，海鸟的迁徙范围随纬度的增高而扩大。北极燕鸥繁殖于高纬度的北极地区，秋季需要迁往栖居条件与繁殖地较类似的南极地区越冬，这可能就是北极燕鸥能够成为候鸟迁徙距离冠军的原因。

生物小链接

在北极，令人肃然起敬的并非是北极熊，而是北极燕鸥。虽然北极燕鸥小巧玲珑，却矫健有力，往往能给人以激情的感觉。它瘦小如燕，在北极出生。当秋天到来的时候，它开始飞越重洋，一直朝南飞，飞到地球的南端，在南极的浮冰上越冬。冬去春来，它又展开双翅向北飞，一直向北，飞到地球的北端，到北极去繁衍自己的下一代。年复一年，北极燕鸥南飞4万千米以上，又北飞4万千米以上，就这样往返于地球的两极之间。一群群，一队队，为共同的目标、共同的方向而努力。

捕鼠能手——长相丑陋的猫头鹰

小智的生物小组最近活动较少，因为小智、小欣、小明三人总在一起研究问题，为此，小组内的其他成员有了意见，在崔老师的倡导下，大家邀请曲老师也参加他们的小组讨论会，并一致通过了这样的决定，以后要大力开展小组的群体活动。并决定本周开始，每周六集体去动物园考察几种动物。

第一个建议是小组成员小颖提出来的，她说："我家最近闹鼠患，都说'猫头鹰'是他们的天敌，所以，我想去动物园把猫头鹰请到我家里来坐镇，看看老鼠还敢兴风作浪不？"大家一听这个，全都乐了，也彻底打消了刚才会议上的争端和尴尬的气氛。于是，大家决定第二天一起去动物园帮小颖去请猫头鹰回来。

来到动物园，还是在上次那位叔叔的陪同下，大家终于见到了动物园里仅有的两只猫头鹰。在叔叔的介绍下，同学们了解了猫头鹰的生活习性。

猫头鹰统称鸮鸟，是一种猛禽。全世界有133种，在我国有20多种，有雕鸮、长耳鸮、短耳鸮、红角鸮、领角鸮、草鸮等。据鸟类学家的统计，一只猫头鹰一个夏天能捕杀田鼠1000只左右，而一只田鼠一个夏天要糟蹋粮食一公斤左右，也就是说一只猫头鹰一个夏天能为人类保护一吨左右的粮食，这是多么了不起的数字啊！

那么，猫头鹰为什么会取得这样大的功绩呢？首先，要归功于它的那双在黑暗中仍能看得清清楚楚的眼睛。绝大多数动物眼睛的虹膜里，都生有可以控制瞳孔放大和缩小的两种肌肉，光线强时，收缩肌肉起作用，使瞳孔变小；光线弱时，放大肌肉起作用，使瞳孔变大。而猫头鹰的眼睛里，只有放大肌肉没有收缩肌肉，所以它怕光，只是在夜间才出来寻食，这正好与老鼠的活动时间相吻合。另外，在猫头鹰眼睛的视网膜上有很多能在较弱光线中起作用的圆柱状细胞，而不具有能在较强光线下起作用的圆锥细胞，所以夜间虽然光线很弱，它仍能清楚地分辨周围的事物。

其次，要归功于它的两只灵敏的耳朵。大部分猫头鹰还生有一簇耳羽，形成像人一样的耳郭。它的听觉神经非常发达，听觉神经细胞数量比一般的鸟类多好几倍。它停在树顶上，就能听到远处草地上一只小鼠轻轻走动的声音。在搜索猎物时，听到声响后，它便一转头，使声波传到左右耳的时间发生差距，由此正确分辨出声源的方位而后迅速出击。

再次，要归功于它那转动灵活的脖子。它的脖子能旋转270度，是任何动物所不能相比的，确保它的耳目能达到"眼观六路、耳听八方"，大面积地搜捕猎物的信息。

最后，要归功于它那柔软的羽毛。它的羽毛十分柔软，在翅膀的羽毛上长有密生的羽绒，因此在飞行时所产生的声波频率竟小于1000赫兹，几乎是没有声音，一般哺乳动物的耳朵都不能感觉到这样低的频率，猎物不能察觉到这样无声的出击，不知不觉就被擒了。

再加上它那锋利如铁钩的嘴和爪，一下就把老鼠抓住囫囵吞下，过几小时以后，再把不易消化的残块吐出来。即使是吃饱了，猫头鹰对老鼠也照捕不误，绝不放过，真不愧是捕鼠能手。

看着长相可怕、两眼又大又圆还炯炯发光，两耳耸立像神话中妖怪的双角的猫头鹰，小颖赶紧说："还是像叔叔说的那样，留着它在这里捕捉

老鼠吧，我可不敢把它带回家里去！"大家听了小颖的话，都开心地笑了起来。

生物小链接

　　猫头鹰面形似猫，因此得名为猫头鹰。猫头鹰的视觉敏锐，在漆黑的夜晚，其视力比人高出一百倍。猫头鹰是现存全世界分布最广的鸟类之一。

大个鸵鸟——不会飞的鸟

动物园的叔叔带着大家继续往前走，并告诉大家前面有鸵鸟，于是，大家争先恐后想先睹为快。

没走多远，果然看到叔叔所说的鸵鸟，叔叔对大家说："鸵鸟是一种鸟，但是这种鸟却不会飞，所以它很特别。"大家一边看着面前两只高大的鸵鸟，一边听着叔叔给大家接着介绍。

鸵鸟最大的特点是在被敌人追赶时，会伸长脖子，紧贴地面而卧，甚至把头钻入沙中，但如果认为这是鸵鸟无可奈何、不敢见敌人则是大错特错了，鸵鸟的这种举动实际上是为了有效避敌。在天热时，若你遥望远处的路面，会感到空气在蒸腾。这是因为从地面上升的热气与空中的冷气相遇时，阳光在这两种空气交接的地方发生散射现象形成的。如果盯住这些闪光的地方，就看不清它后面的东西。

鸵鸟生活的地区大都是沙漠地带，天气极其炎热，上述的那种"蒸腾"现象比比皆是，使人眼花缭乱，无法分清地面上的物体。虽然鸵鸟在遇到敌害时可以高速奔跑，但沙漠地区炎热干燥，淡水缺乏，长久快跑对它是不利的。于是它就蹲下来，把高大的身子趴在地上，把脖子放平，将头藏在地面或双翅下，利用闪闪发光的薄气的掩护，对手就很难发现它。鸵鸟的这种避敌方法在广阔的沙漠地带，既省力又安全，是一种相当聪明的保命方法。

　　非洲鸵鸟是现今世界上最大的鸟，它分布在非洲北部沙漠和草原地带。最大的雄鸟高达2.74米，长2米，体重56.5公斤。鸵鸟的样子十分逗人，蛇一般细长的脖子支撑着一张三角形的扁嘴和两只蛤蟆眼，粗短的躯干却长着一对不相称的小翅膀，只有那又粗又壮的双腿给人以强健有力的感觉。鸵鸟不会飞，但奔跑能力极强，速度可达40～70千米每小时。

　　鸵鸟的婚配是一夫多妻制。每年为了争夺一群雌鸟，雄鸵鸟之间会发生猛烈的争斗。然后，胜利者成了一群雌鸟的主人。雄鸟首先向第一位中意者求爱，鸵鸟发情时非常有趣，只见它展开双翅，挺起胸膛，露出胸脯上的白斑，绕着雌鸟翩翩起舞，雌鸟则目不转睛地看着那些斑点。舞蹈结束后，雄鸟装作若无其事的样子开始觅食，此时雌鸟为了表达自己的痴情，跟在雄鸟身后，模仿雄鸟的觅食动作。过了一会儿，雄鸟和雌鸟一起愉快跳起舞来，它们舞姿优美缓慢，难舍难分。于是这第一位中意者成了"第一夫人"，接着其他的雌鸟也加入了跳舞行列，就这样举行了"集体婚礼"。

　　鸵鸟的繁殖非常奇特。首先，"第一夫人"在地面刨一个坑，围上石块筑成窝，并先产下一枚卵。而后，其他的雌鸟也分别将卵产在窝中。当产够一窝，即15~30枚时，先由"第一夫人"孵卵，此后，每位雌鸟轮流孵卵，夜间孵卵全由雄鸟担任，因为它能运用自己的保护色防止敌害。42天以后，小鸵鸟破壳而出。小鸟一出世就能走，毛色像枯草，便于藏身在沙漠之中，一个月后，就能紧跟成鸟奔跑了。

小鸵鸟容易被人捕捉，经过驯服，可以载人运货。非洲牧场别出心裁地驯用鸵鸟来牧羊。鸵鸟见窃贼挨近羊群，就会飞奔上去，把窃贼赶走。它们责任心很强，还有一股蛮劲。有时看到汽车驶过，也会当作窃贼穷追不舍，非常好笑。

生物小链接

鸵鸟的食物来源很广，主食草、叶、种子、嫩枝、树根、带茎的花及果实等，也吃蜥、蛇、幼鸟、小哺乳动物和一些昆虫等小动物，属于杂食性动物。公园里人工饲养的鸵鸟，一般用合成饲料喂养。鸵鸟在吃食的时候，总是有意把一些沙粒也吃进去，因为鸵鸟消化能力差，吃一些沙粒可以帮助磨碎食物，促进消化，且不伤脾胃。

森林医生——为什么不会得脑震荡

大家听完动物园叔叔的介绍，天也接近中午了。这时候，小明和小欣开起了玩笑，两个人追追打打的，小明在前面跑，小欣就在后面追，前面有个陡坡，奔跑的小明腿一软，就头重脚轻地从上面摔了下来，这一下，脑袋瓜实实在在地撞在了地上，吓得大家全都"哎呀"一声。

小明从地上爬了起来，揉了揉脑袋，觉得没怎么样。大家也都把担着的心放了下来。小智在一边开玩笑地说："看你们还胡闹，这下小明成了脑震荡了吧。"小明满脸不在乎地说："我是啄木鸟，怎么可能脑震荡？"

动物园叔叔看着大家开心的样子，也来了兴致，问大家："你们知道为什么啄木鸟不会得脑震荡吗？我就来给大家介绍一下吧！"

在森林里，我们常可听到啄木鸟用喙"笃、笃、笃"啄击树木的声音。这是啄木鸟在给那些遭到害虫侵袭的病树"治病"呢，所以人们常把啄木鸟称为"森林医生"。

啄木鸟发现树木有虫时，就啄破树木，以细长、能伸缩自如、前端倒生短钩并带有黏性涎沫的舌头探入树内，钩出害虫，将其吞食。当捕捉树干深处的害虫时，它的头和树干几乎呈90°角，一啄一啄，"笃、笃、笃……"从早到晚不停地敲击。啄木鸟一天可发出500～600次啄木声，每啄一次的速度达到每秒555米，是空气中音速的1.4倍；而头部摇动的速度更快，约每秒580米，比子弹出膛时的速度还快。啄木时，它头部所受的冲击力等于所受重力的1000倍。为什么啄木鸟头部受到如此大的冲击力却安然无恙，而不会发生脑震荡呢？

原来，啄木鸟的头骨十分坚固，由骨密质和骨松质组成，它的大脑周围有一层绵状骨骼，内含液体，对外力能起到缓冲和消震作用；它的脑壳周围还长满了具有减震作用的肌肉，能把喙尖和头部始终保持在一条直线上，使其在啄木时头部严格地进行直线运动。假如啄木鸟在啄木时头稍微一歪，这个旋转动作加上啄木的冲击力，就会把它的脑子震坏。正因为啄木鸟的喙尖和头部始终保持在一条直线上，因此，尽管它每天啄木不止，也能常年承受得起强大的震动力。

另外，啄木鸟的大脑和头骨之间存在着小小的硬脑膜，这样就不会像人类那样发生脑震荡。而且它们的大脑上下尺寸长于前后的尺寸，这就意味着作用在头骨上的力量被更好地分散了。

研究人员设置一个特定的环境观察啄木鸟，他们用传感器测试它啄食的力度，并用两台慢镜头摄像机来捕捉这些啄食的镜头。研究人员利用计算机断层扫描和扫描电子显微镜收集啄木鸟头骨的分析数据，详细标注了这些部分是如何组合的以及骨头密度的变化情况。借助收集到的数据，科学家能够使用电脑模拟演示啄木鸟啄食过程中对头骨产生的作用力。

研究人员通过模拟演示发现了啄木鸟不得脑震荡的三个因素。首先，环绕整个头骨的舌骨结构在最初的冲击中扮演着安全带的作用。其次，鸟嘴的上下部位不均等，当撞击力从鸟嘴尖传递到骨头的时候，这种结构削弱了冲击力并使它远离了大脑。最后，头骨不同部位的"海绵"构造的层状骨骼能够帮助分散冲击力，因此也能保护大脑。

生物小链接

啄木鸟是著名的森林益鸟，可以消灭树皮下的害虫如天牛幼虫等，因而被称为"森林医生"。白腹黑啄木鸟是国家二级保护动物。

第6章　鱼类家族

　　鱼类是最古老的脊椎动物。它们终年生活在水中，用鳃呼吸，世界上现存的鱼类约24000种，中国共有三千多种，在海水里生活者占2/3，其余的生活在淡水中。

　　鱼具有骨骼、肌肉及消化、循环、呼吸、排泄、生殖、神经感觉等相当完备的器官系统，能够进行极其多样化的生命活动。它们的形态构造除与系统发育有关外，更反映了对水环境的适应性。

鳞片年轮——判别鱼的年龄

　　暑假了，小智生物小组的全体成员组成了科技小组夏令营，由曲老师和崔老师带队，乘坐了一夜的火车，来到了素有"北国滨城"之称的美丽的大连，进行为期一周的海洋生物考察活动。

　　按照计划，第一步是考察大连的海洋世界，它位于星海广场西侧的星海公园内，面朝大海，是中国第一座海底通道式水族馆，拥有亚洲最长的118米海底通道，开创了中国第三代水族馆建设的先河。

　　生物小组的全体成员休息了一个晚上，第二天来到了星海公园，海洋世界展现在同学们的面前。让我们随着他们的路线来走一走吧。

　　首先映入大家眼帘的是琳琅满目的鱼类，看着一条条游来游去颜色各异、大小不一的各种鱼类，小欣和小明这对调皮鬼又开始了他们的争论，两个人都承认鱼不是靠大小来判别年龄的，但是靠什么去判别哪条鱼年长，哪条鱼年轻呢？

　　崔老师听到两个人的争论，乐得合不拢嘴。于是他一边带领大家看鱼，一边给大家讲解关于鱼类年龄的判别方式。

　　生物依赖一定的生活条件而生存，环境的变化必将会影响它们的生长。大自然的周期性变化，也必然在生物体上留下印迹。树木的年轮是人们熟知的自然印迹，它一年增加一圈，持续不断地增长着，直至树木枯萎。在动物中，也有这样记载年龄的"年轮"，如马的牙齿、龟鳖的甲背，都是一些特殊的年轮。

生活在水中的鱼类，也大都长有"年轮"。鱼的年龄可以根据鱼类的鳞片、脊椎骨、鳃盖骨、胸鳍、背鳍、耳石等部位推测判断。一般鱼类都是用鳞片来标记它们的年龄。

鱼类所以会产生年轮，这主要是由于大自然年复一年的周期性变换，决定了鱼类的成长。而鱼类生长状况的变化便在鳞片上留下了清晰的痕迹。春夏时节，鱼类的食饵丰富，水温较高，正是生长旺季，鱼类长得快，鳞片也随之长得快，产生很亮很宽的同心圈，圈与圈之间的距离远，生物学家称之为"夏轮"。进入秋冬季节后，水温下降，水域中食饵减少，鱼类的生长变得缓慢起来，于是鳞片的生长也随之缓慢起来，从而产生很暗很窄的同心圈，圈与圈之间的距离近，生物学家称之为"冬轮"。这一宽一窄，就代表了一夏一冬。等到第二年鱼类的宽带重新出现时，窄带与宽带之间就出现了明显的分界线，这就是鱼类的年轮。从鳞片上同心圈的圈数可以推算鱼类的年龄。

比较简单的方法是：取生长多年的鱼的一片鳞片，置于显微镜或放大镜下观察，就会见到鳞片表面有黑白相间的环状条纹，很像树木横断面上的年轮。这时，只要仔细地数出鳞片黑色环状条纹的圈数，再另外加上1，那就是鱼的实际年龄。例如，鳞片上若有四条黑色圈，这条鱼的实际年龄就是5岁。但是，并非所有鱼的年轮都长在鳞片上，如大马哈鱼的年轮长在鳃盖上，比目鱼的年轮长在脊椎骨上，鲨鱼的年轮长在背鳍上，而大小黄鱼的年轮却长在耳朵上。

生物小链接

鱼类是脊椎动物中最为低级的一个类群。在我国海域里，目前有记录的海洋鱼类3023种，其中软骨鱼类237种、硬骨鱼类2786种，约占我国全部海洋生物种类的1/7左右。因此，海洋鱼类构成了我国海洋水产品的重要基础。

难辨雌雄——鱼类性别区分

大家听完了崔老师关于鱼类年龄的解释后，心满意足地接着往前走。可是不一会儿，小明和小欣又争论起来了，他们两人就是能想出来别人想不到的东西，那些奇思妙想也总能给人以灵感。小欣指着水里的其中一条鱼说："我就觉得这条鱼是公鱼，另外一个跟在它后面的绝对是母鱼。"小明说："根本就不是你说的那么回事，我觉得正好相反才对，前面的是母鱼，因为它体态肥胖。"

听着两个人的争论，曲老师憋不住笑着对大家说："这两个小家伙，开始研究鱼的性别了。好，这个话题很好，也是我们要考察的项目之一，现在我就给大家介绍一下，如何去判断鱼类的性别！"

要分辨鱼的性别，最简单的方式就是在繁殖的季节，将鱼的肚子剖开，如果里面有饱满的鱼子，那当然就是母鱼了。可是我们怎么可以把全部鱼都杀掉来判断它们的性别呢？但是，想要从鱼的外表来分辨鱼的性别，恐怕有些困难。因为世界上鱼的种类太多了，每种鱼的身体组织、构造都不同，所以很难有一致的答案。此外，有些鱼从外表看还真的是很难分出性别。

所以，区分鱼类的性别是个很有难度的问题。软骨的鱼类最容易分出性别，因为在它们的腹鳍内侧后缘，有一个退化的生殖器称作"鳍脚"，这个就是公鱼的特征。在硬骨鱼类中，就比较难区分它们的性别了，不过有些可以从身体大小、形状、色泽或其他特征来区别。还有些鱼，可等到繁殖期，观察它们体型和颜色的改变，就能分辨出来了。

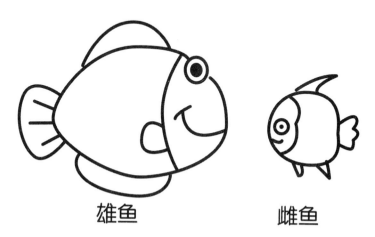

雄鱼　　　　　　　雌鱼

　　一般来说，分辨方法有以下几种。体型分辨法：成功率为60%。通常来说，在同一对鱼之中，雄鱼体型比较大，雌鱼体型比较小而圆。所以一些喜欢选购小鱼的养鱼人，很多时候会发觉鱼儿养大之后多数都是雄鱼，这是因为在选鱼的时候，多数都会选择比较大且壮健的去购买，因而往往都不自觉地选购了雄鱼。额头分辨法：成功率为30%。公鱼的额头比较凸出，相反雌鱼的额头比较圆滑。但一些高身的鱼种额头部位十分平板，要用这方法分出雌雄便不太适合了。颜色分辨法：成功率为60%。这方面野生的品种比较明显，雄鱼的颜色比较暗淡，雌鱼就比较鲜艳。背鳍末端分辨法：成功率为50%。雄鱼的背鳍末端比较尖，雌鱼则比较圆；而雄鱼背鳍的末端会比较多点。花纹分辨法：成功率为80%。这一点松石科的鱼会比较易看。通常松石神仙头部的纹理，如果一直上延至背鳍顶端，中间没有间断的话，则多数是雄鱼，相反中间有间断的是雌鱼。黑圈分辨法：成功率为90%。只适用于野生的品种，如阿莲卡、伊卡、红点绿、黑格尔等。观察其背鳍和臀鳍上的黑圈，如果比较粗和黑，这便是雌鱼，雄鱼黑圈比较细，颜色略淡。除此以外，还有生殖器分辨法、交配行为分辨法等。

生物小链接

　　鱼类终生生活在海水或淡水中，大都具有适于游泳的体型和鳍。用鳃呼吸，以上下颌捕食，心脏分为一心房和一心室，血液循环为单循环。由于各地水域、水层、水质及水里的生物因子和非生物因子等水环境的多样性，因此，鱼类的体态结构为适应外界的变化而产生了不同的变化。

张飞睡觉——鱼类的睡眠方式

>>>>>>>>>>>

曲老师接着说："其实鱼类还有一个更不为人们理解的习性，就是它们独特的睡眠方式。大家知道《三国演义》中有个特别的人物叫'张飞'，他是睁着眼睛睡觉的，而鱼类全部都是睁着眼睛睡觉的。"

经过曲老师的提醒，大家恍然大悟，确实呀，从来没看过鱼闭着眼睛呢。于是大家纷纷指着海洋公园里游荡着的鱼说："老师，它们是就这样睡觉，还是它们从来不睡觉呢？""它们睡觉，只是它们睡觉的方式和其他的动物不同罢了，我给大家介绍一下鱼类独特而倔强的睡眠方式吧！"

很多人误认为鱼类是不用睡觉的动物，这其实是人们的误解。事实上，所有的脊椎动物都需要休息，以便恢复中枢神经系统和肢体的疲劳。鱼类身为脊椎动物的一员，怎会例外呢？它们也是需要睡眠休息的。那么，为什么鱼类会给我们造成这样一种不睡觉的错觉呢？我们已经知道鱼与人不同，它是没有真正的眼睑的，因此，鱼儿无论睡着或醒着，眼睛都无法闭上，甚至鱼儿死了，眼一样睁得大大的，"死不瞑目"最先好像说的就是它们才对。另外，鱼在休息时，也不像其他的动物，需要躺下来，它只是在水中静止不动或轻微摆动。

有些鱼类的睡眠姿势特别有趣。比如有一种鹦哥鱼，它是横卧海底睡觉的；黑鱼则是将身体埋在海底的沙砾里，弯腰侧身躺着睡觉的，还有的鱼是将身体弯曲起来睡觉的，用水草或石子做靠背。除各种奇特的睡眠方式外，鱼类在睡眠时候，还会变换身体的色彩，白天，它们的身体是褐色和深绿色的，但睡觉时却变成浅灰色，鳍与尾多为黑色。这是因为它们在岩石和水草中睡觉，而这种姿势与睡觉时体色的变化可以给自己打"掩护"，以防敌害发现。有些鱼类睡觉是通过两个脑半球交替进行的，平时总是有一个处于睡眠状态，另一个醒着，每隔十几分钟，就交换一次，就这样有节律地更替着。因此，从表面上看，鱼好像是从来也不用睡觉一样。

有的鱼类因生活环境的关系，无法找到合适的"床铺"，因而不得好睡，特别是深海或大洋中做长距离洄游的中上层鱼类，由于数百米到数千米不等的深度，使得鱼儿即使想躺下休息，也因压力太大，不能随便沉浮，只能采取浮在水中休息的方法。

鱼类浮在水中休息，适当地停止各部器官的活动，或者略有动作，这在鱼类的生理学上称为"睡眠游泳"。鱼类的睡眠游泳各有不同，有的是为了防御敌害的侵袭，常常聚集成为极大的群体；有的则分散在一定的活动范围，到次日黎明再重新聚集，继续洄游前进。

　　鱼类的这种生活习性给渔民很大的启示。聪明的渔民根据鱼儿睡眠的习惯，在沿岸或港湾附近鱼儿出没的地点，将废旧的轮胎、木船沉于海底，造成有利于鱼类休息的安静的"卧室"，使鱼类"自投罗网"，群聚于此，以便围捕。这种人工给鱼类建造的"旅馆"和"招待所"，在国外称为"人工鱼礁"。

生物小链接

　　鱼眼的水晶体是圆球形，只能看见较近的物像。所有的鱼都是近视眼，它们很少能看到12米以外的物体，这与它们水晶体的弯曲度不能改变有关。不过，鱼虽然近视，但反应却很灵敏。鱼在水中虽然看得不远，但却能够通过光线的折射，在水中看到陆地上的物体。由于折射作用，鱼会感觉到陆地上的物体的距离比实际的距离要近得多，位置也比较高，所以人还没靠近水边，它就感到人已出现在它的头顶上了，所以它的逃离速度相对人类可快多了。

钓鱼的鱼——同类世界的另类

参观了一天的海底世界，晚上回到驻地，小伙伴们还是抑制不住兴奋。小智他们几个更是活跃，吃完晚饭后，小智和小欣上网，浏览的内容基本上都是鱼的知识。

从五大洲到四大洋，从陆地到海洋，关于鱼的知识都成了他们搜索的对象。在搜索和记录的过程中，一种鱼使他们两个人百思不得其解，怎么世界上还有一种钓鱼的鱼呢？

于是，他们来到隔壁的曲老师和崔老师的房间去请教，曲老师拍了拍小智的肩膀说："世界上确实有的鱼被称为钓鱼的鱼，而且还不止一种呢！下面我简单地给你们说一说。"

大西洋的海底里生活着一种叫"海洋羽毛"的鱼，它简直不像是鱼，像一根长长的钓鱼竿。它一头插在海底淤泥里，另外一头顶着一只"圆碟"，周围伸出了许多触手。它的钓鱼竿会发出耀眼的蓝色荧光，"圆碟"也跟着闪闪发光。海洋羽毛捕猎的手段可狡猾啦！只要周围稍稍有点儿动静，"鱼竿"和"圆碟"就会突然发出蓝光来。小鱼被光亮引诱过去，当小鱼刚游到光亮处，就被触手缠住，成为海洋羽毛的食物了。

这种会钓鱼的"渔翁"还有不少呢！鮟鱇和穗鳍鱼是其中最有名的。鮟鱇栖息在大西洋和地中海里，身躯圆圆的，嘴巴大大的，头部伸着一根又长、又软、又能活动的背鳍骨线，尖端长着一个发光的穗子，活像一根钓鱼竿。它全身漆黑，长约10厘米。从头到尾，浑身长着刺，牙齿生在嘴唇上，可以灵活运动，能随着嘴唇向外翻，一旦猎物被吸进口中，它就马上咬紧牙关，闭起嘴来。它的前额有一根细而长的肉柱，上面又有一只更细长的钓竿，它的顶端长有三只角质钩形爪子，每个爪子都长有一小块"肉饵"，能发出黄光。它的这种天然的"钓竿"是靠体内的六条基本肌肉控制动作的。它们生活在1600米以下的深海里，很难捕捉到，特别珍贵。

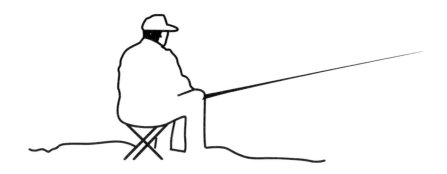

还有一种会钓鱼的鱼，可谓奇中之奇了。鮟鱇生活在海洋深处，身长仅有4厘米，相貌狰狞可怕，全身漆黑，且长满了硬刺。它的牙齿长在嘴唇上，这样可以随嘴唇向上或向外任意翻转，看上去令人不寒而栗。

别看它相貌丑陋，却身怀绝技。它的前额上有一个细长的圆筒，在圆筒的尖端又有一条长长的"细鞭"，"细鞭"的末端安有一套复杂的三只钓钩形的角质爪，而且每只爪下均有一盏黄色的"探照灯"。

一旦有小鱼靠近，鮟鱇便把"细鞭"往上一甩，犹如一条细小的虫儿在蠕动，不知情的小鱼果然贪食，刚一游近，鮟鱇便伸出角质爪，此时，即便是再灵活的小鱼也难逃厄运。鮟鱇似乎有钓鱼癖，有时它本已吃得饱饱的，也会情不自禁地把游过身边的小鱼钓住，然后又抛向远处，弱小的鱼儿就这样成了它的玩具。

鮟鱇身上那根长长的"钓竿"还具有自卫作用。遇到敌害时，它立即将"钓竿"向前一甩，爪上的"探照灯"嚯地射向对方，趁对方晕头转向之际，它便逃之夭夭。

生物小链接

钓鱼是捕捉鱼类的一种方法。钓鱼的主要工具有钓竿、鱼饵。钓竿一般由竹子或塑料等轻而有力的杆状物质制成，钓竿和鱼饵用丝线连接。一般的鱼饵是蚯蚓，现代有专门制作好的鱼饵出售。鱼饵可以直接挂在丝线上，但有个鱼钩会更好，对不同的鱼有特殊的专制鱼钩。

海上飞机——翱翔的飞鱼

第二天，小智他们的旅游团在曲老师和崔老师的带领下来到了第二个要考察的旅游点——老虎滩公园。

老虎滩公园也是一个海洋动物园，这里有十分精彩的海洋动物表演，其中的一项鱼类表演深深地吸引了同学们，那就是飞鱼表演。看着一条条鱼在水面上跳得那么高，同学们纷纷拍手叫好，崔老师也配合着海上的飞鱼表演，给大家介绍这种鱼的习性。

在我国东海、南海、黄海的茫茫海面上，常常可以看到一群长着"翅膀"的鱼儿跃出海面，飞上落下，很是有趣。这就是飞鱼。飞鱼长约20~30厘米，重约200~300克，是一种小型鱼类。

　　为什么飞鱼能飞呢？原来它的胸鳍特别长、特别大，长度为身长的2/3，一直延伸到尾部，长在身体的两侧好像是飞机的机翼，所以又叫翼状鳍。飞鱼就是靠这对强大的翼状鳍在空中迎风滑翔的，但它不像鸟类具有发达的胸肌，所以不会扇动"翅膀"在空中飞行，而只能跃出水面到一定高度向下滑翔。飞鱼跃出水面是借助它那坚硬的尾鳍，飞鱼的尾鳍呈叉形，两个叉大小不一，下尾叶较长。

　　飞鱼在出水之前，首先要在水下快速游泳，当快接近水面时就将胸鳍和腹鳍紧贴在身体的两侧，然后靠强有力的下尾叶剧烈地打水，产生一种强大的冲力推动鱼体冲出海面，它一跃出海面即展开胸鳍，迎着海面上的气流向前滑翔。它滑翔的高度可达5~6米，速度可达每秒15米左右，滑行距离可达200~300米，顺风时可滑行500米以上。它一次跃水滑翔后，如要再继续飞翔，就需要在全身还未入水之前，再用尾鳍猛烈拍打海浪，使它再度跃上水面。在一般情况下，飞鱼是一次跃水滑翔后落入水中，再继续作第二次跃水滑翔的。

飞鱼为什么要跃出水面呢？飞鱼跃出水面并不是为了捕食，主要是为了躲避敌害的追击或船舰驶近时受惊的缘故。但是在海上滑翔有时也会遭到海鹰的捕捉。故它只得一会儿跃出水面，一会儿钻入海中，来逃避海中和空中敌害。不过也有时是由于兴奋和求偶等原因。

渔民捕捉飞鱼的方法很巧妙，用不着渔网，也不需要饵料，只要在漆黑的夜晚，点亮油灯放在船上，届时飞鱼便会纷纷自投罗网。原来飞鱼有强烈的趋光习性，见到船上的灯光，就会纷纷飞来落在甲板上，甚至渔船返航时，飞鱼还会恋恋不舍地追来，直往船的甲板上落。

飞鱼肌肉发达，肉质鲜美，它的独特形状，还常被妙手厨师制成欲飞的燕子，栩栩如生地摆在盛大宴会的餐桌上，显得别开生面。

生物小链接

深蓝色的海面上，突然跃出了成群的"小飞机"，它们犹如群鸟一般掠过海空，高一阵，低一阵，翱翔竞飞，景象十分壮观。有时候，它们在飞行时竟会落到汽艇或轮船的甲板上面，使船员"坐收渔利"。这种像鸟儿一样会飞的鱼，就是海洋上闻名遐迩的飞鱼。这是一种中小型鱼类，因为它会"飞"，所以人们都叫它飞鱼。飞鱼生活在热带、亚热带和温带海洋里，在太平洋、大西洋、印度洋及地中海都可以见到它们飞翔的身姿。

另类的鱼——深海探照灯

"海洋世界"的地下都是漆黑的，所以每个供游客观察的地方都有灯光，小智他们在行进的过程中，发现一处特别奇怪，那里怎么没有灯光呢？于是小智拉着小欣往这边走来。走到近前一看，大吃一惊，原来这里也是一群鱼，而且每条鱼都会发光，小智连忙去找两位老师问："这个是鱼吗？怎么像手电筒呀！"

曲老师回答说："它不但是鱼，而且是一种海上很特别的鱼，因为它能发光，所以人们给它的名字叫'光睑鲷'，下面我就给同学们介绍一下这种鱼。"

光睑鲷的体长8厘米左右，通常在没有月光的夜间群集在水的表层。一般是几十条一起游来荡去，多时可达一二百条。它们发的光一闪一闪的，望去犹如倒映在水中的繁星，十分美丽，给漆黑的大海增添了不少生气。

我们知道鱼的眼皮一般是不会动的，即使死了也是"死不瞑目"，但光睑鲷眼睑下的盖膜能上下移动用来调节发光器官的发光强度。它们闪光的次数约每分钟2~3次，能用以招引小甲壳动物和蠕虫作为它们的食饵，在受惊时闪光的次数能增到每分钟70多次，以模糊敌人的视线。这突如其来的强光有时能把敌人吓跑，若敌人不畏强光继续迎着冲上来，它就立刻合上盖膜把光隐没，使敌人不知道自己的所在，这真是一种绝妙的保护性行为。又据海洋生物学家们的观察，两条光睑鲷相遇时，它们彼此会改变自己的闪光形式。若用一反射镜去逗引光睑鲷，它也会追逐自己的映像并不断改变闪光的形式，像是在和它们打招呼似的。另外，光睑鲷之间还能通过不同的闪光形式作为与同伴互相交往和谈情说爱的工具。

那么光睑鲷的发光器为什么会发光呢？原来，光睑鲷的发光器官本身并不会发光，它是通过窝藏发光细菌来达到发光目的的。据科学家们计算，光睑鲷每个发光器官中大约有一百亿个发光细菌。这些细菌借助发光器官内鱼的血液吸取营养维持生命，而鱼又利用细菌发光来照明寻食和与同类交谈。因此，它们之间不是单纯的寄生和被寄生的关系，而是一种相互依赖、互为利用的共栖关系。

生物发光与电灯发光的原理不同。生物光是由特殊的化学反应产生的，称为化学发光，因它发光时不产生热能，所以被称为"冷光"。而电灯是电流通过灯丝使灯丝变热而发光的，称为物理发光，是一种"热"光源。生物发光需要三种基本物质，即荧光素、荧光酶和氧气。荧光酶是一种蛋白质，起催化剂的作用。在荧光酶的催化下，荧光素和氧气结合形成氧化荧光素，这个反应过程所产生的能量以光的形式释放出来，这就是生物发光的基本过程。

发光细菌有的能分泌荧光素，有的能分泌荧光酶，它们在鱼的发光器官内消耗鱼的血液所供应的养料和氧气，将化学能转为光能，这样，光睑鲷就发出强烈的冷光了。

生物小链接

大海里除了以上介绍的光睑鲷可以发光外，还有两种鱼类具有这样的能力。一个是龙头鱼，分布于印度洋和太平洋、我国南海、东海和黄海南部，尤其以浙江的温州、台州和舟山近海以及福建沿海产量较多。另外一种是灯眼鱼，也叫灯颊鲷，分布于西太平洋区，西起印度尼西亚，东至土木土群岛，北至日本南部，南至澳大利亚。属于罕见鱼种。

鱼喝海水——出奇的生物本领

小智他们今天早上起得很早，因为明天就要离开大连了，他们三个在一望无垠的海上瞭望。小欣百无聊赖之际，用手在大海里抓了一把，用鼻子闻了闻，怎么有些特别的味道呢？于是用嘴舔了舔，真咸呀！

其实海水是咸的，他们早都知道，只是今天才亲口品尝了一回，小智和小明也学着小欣的样子把海水送嘴里尝了尝。

于是三个人得出这样的一个结论，鱼类具有出奇的本领，它们一定是喝海水生活的动物。回到驻地，吃过早饭后，他们就连忙去向曲老师请教这个问题。曲老师是这样给大家解释的。

海洋中含有很多物质，有一种东西就是食盐，是海水中最多的物质，其总量约有四亿亿吨，平均每千克海水中含盐量约为35克！所以海水尝起来才会是咸咸的。当然，海洋中各处的盐度是不一样的，也就是说，海水盐度的变化是与海水的蒸发、降雨、洋流和海水混合这四种因素有关。

如果我们人类喝了海水，就会越喝越渴，最后直到渴死。可是终生生活在海洋中的鱼类、鸟类、爬行动物等动物都不会有这种危险。这是为什么呢？原来，它们都有自己独特的海水淡化"装置"，就像它们自己随身携带了一台"生物海水淡化机"一样。

鱼只要一张嘴，水就会灌满了口腔。这些水大都会通过鳃缝流出去，不会进到肚子里。可是，在它吃东西的时候，部分海水就会随食物进入腹中了。按照物理学原理，如果把容器用一个半渗透性薄膜隔开，一边是含盐量高的水，一边是含盐量低的水，含盐量低的水就会向含盐量高的水一边渗透，直到两边含盐量相等时为止。而皮肤表层、口腔黏膜、鳃以及所有器官和组织的单个细胞的细胞膜，都是这种半渗透薄膜。鱼体中盐的含量比海水低，因此，海鱼体中的水分会自动向体外渗出，使体内含盐量增高。大家也许会问，要这么说，那海里的鱼还不都变成"咸鱼"了吗？

不要着急，要知道，海鱼有它自己的淡化装置，就藏在它的腮里，叫作"排盐细胞"。这种细胞的本领可大了，当周围有血液流过的时候，它可以把血液中的盐分不断提取出来，然后经过腮的运动排出鱼的体外。这样，鱼"喝"到嘴里的是咸水，但真正吸收到身体里的就变成淡水了。因此，尽管海鱼体中的淡水不断通过皮肤往外渗，它仍可以不停地喝进大量海水来"解渴"。

海鸟也有这种淡化"装置"，不过构造是不同的。海鸟的海水淡化"装置"位于它们的眼窝上部，而排出口位于鼻孔内，过去被叫作鼻腺，现改叫作盐腺。海鸟不时会从喙上部的鼻孔中排出一个亮晶晶的水滴，摆摆头甩掉。这种水滴就是盐腺排出的、含有大量盐分的黏液。如果给海鸟喂很咸的食物，那它的鼻孔就会一直淌水，就像小伙伴们患重感冒流鼻涕一样，这就是在排出过多的盐分。

生活在海洋或海边的爬行动物，比如龟、蛇、鳄鱼等也有盐腺。但它的排出口不在鼻孔内，而是在眼角上。人们早就发现，鳄鱼在吃东西时，眼中会流出大滴大滴亮晶晶的"眼泪"，人们用来形容假慈悲。原来，鳄鱼眼中流出的，不过是盐腺排出的含盐量很高的溶液而已。

生物小链接

　　人类和陆生动物哪怕终年生活在海边，也不能以海水解渴。如果航海人员不携带淡水，尽管面对着取之不尽用之不竭的海水，也只能"望洋兴叹"，因渴而坐以待毙。两栖动物和淡水鱼类不但不能喝海水，而且海水环境成了它们的禁区。原因是人类和陆生、淡水生动物的渗透压与海水差距很大，又缺乏对海水的淡化处理系统和调节功能，致使它们都无法像鱼类那样去喝海水。

长途跋涉——大马哈鱼的故乡恋

　　小智的生物小组结束了假期的夏令营活动，各自在家休息了两天，小智、小欣和小明三个小伙伴又聚在了一起。

　　在整理大连旅游资料的时候，小智无意中发现了一种之前从来没听说过的鱼类——大马哈鱼。于是，三个人来了兴致，开始查找大马哈鱼长途跋涉、不畏艰险返回自己故乡的感人壮举。

　　当秋风乍起，"白露"时节刚过，我国黑龙江流域将呈现一幅壮观的景象。大批的大马哈鱼成群结队地从海上出发，经过黑龙江口，逆流而上，不畏艰险，向它的故乡——乌苏里江和松花江的中下游迅速挺进。它们的数量相当多，一路上大马哈鱼不吃不喝，只顾前进，速度可达每昼夜50千米，纵有浅滩峡谷、激流瀑布也不退缩，有时为了跨过障碍竟会撞死在石壁上。

　　大马哈鱼如此顽强地逆流而上，是去完成它们生命中最后的使命——产卵繁殖，延续自身的基因。经过长途跋涉，它们几乎耗尽了体内储存的所有营养，疲惫得面目全非了。在河口时，大马哈鱼的鳞片为银白色，在返回过程中，其体色则由银白色逐渐变暗，接近黑色，同时原本匀称的身体也变得又高又扁。

　　大马哈鱼的产卵场一般在溪流水深不超过120厘米、砾石底质河床上有溪水涌泉条件的地方。雌鱼一到产卵场就忙着用尾巴在河床上清除砾石和杂物，身子左右摆动，蹚成一个椭圆形的坑。每条雌鱼后都尾随着一条或数条雄鱼，雄鱼经过撕斗，胜者便和雌鱼一起游进巢穴。雌鱼一阵痉挛产下一堆鱼卵，约有4000粒，雄鱼随即在上面撒下精液。然后雌鱼再用尾巴拨动砾砂，将卵埋起来，并守候在旁，以免其他雌鱼再来挖坑筑巢。然而它们却看不到自己孩子的出世，绝大多数的大马哈鱼此刻体力已经消耗殆尽，坚持不了多少天了。这里是它们出生的地方，现在它们经过千辛万苦，终于回到自己的故乡，完成了一生中最后的使命，即使面临死亡，也心满意足了。

　　大约到了第二年的早春季节，它们的孩子出世了，这一群群的仔鱼都带有较大的脐囊，这是大马哈鱼临死前给子女的一份厚礼。起初仔鱼不摄食，卧在水里靠吸收脐囊中的营养发育，大约3~4周以后，开始浮起转为摄取外部食物，再经两个多月江河解冻，仔鱼在河口作短期停留，便游入海洋。经过四五年海洋生活，它们达到性成熟后，又将登上返回故乡的路程。

　　成年大马哈鱼回乡产卵的现象在生物学上称为鱼类的洄游。洄游是指某些鱼类、海兽等水生动物由于受环境的影响或生理习性的要求，形成定期定向的规律性移动。鱼类的洄游根据鱼类不同的生活阶段分为生殖洄游、索饵洄游、越冬洄游以及垂直移动等。

　　大马哈鱼是怎样认识回乡之路的呢？经研究，原来大马哈鱼的嗅觉特别灵敏，它一路上就是依靠嗅觉分辨水的气味来探索回乡之路的。人们曾做过试验，把它们的听觉器官除掉，结果它仍不会迷航，但若把它的嗅觉器官除掉，

它就再也回不了故乡了。

生物小链接

大马哈鱼又叫鲑鱼，大马哈鱼有很高的经济价值，素以肉质鲜美、营养丰富著称于世，历来被人们视为名贵鱼类。大马哈鱼分布在北太平洋的东、西两岸。中国以乌苏里江、黑龙江、松花江为最多，图们江、珲春河、密江、绥芬河、嫩江、牡丹江以及台湾省的大甲溪也有分布。中国黑龙江畔盛产大马哈鱼，是"大马哈鱼之乡"。

第7章　植物乐园

　　植物包括树木、灌木、藤类、青草、蕨类、地衣及绿藻等人们熟悉的生物。植物大部分的能量是由光合作用从太阳光中得到的。植物通常是不运动的，因为它们不需要寻找食物。

　　世界上植物种类达50多万种，我国仅已记载过的高等植物约3万种。植物也是有生命的个体，它们和其他生物一样有自己独特的特点。让我们随着小智的生物小组一起来探索吧。

昙花一现——无怨无悔的一生

"人们常用'昙花一现'来形容出现不久、顷刻消逝的事物。为什么用昙花一现比喻呢？因为昙花大而美丽，但白天不开花，要在晚上八九点钟以后才开，通常花开三四个小时就凋谢。由于昙花开花的时间很短，开后不久即谢，故称'昙花一现'。"语文课上，张老师抑扬顿挫的声音传进了大家的耳中。张老师接着说："通过查找资料，我了解到昙花一现的秘密，现在我给大家介绍一下。"

昙花是仙人掌科植物，它没有叶，只有扁化的绿色枝条代替叶进行光合作用，制造有机养料。扁化的绿色枝条宽约3~6厘米，人们往往把它看成叶，枝条的边缘有稀疏的波纹状凹口，待昙花长到一定的高度，积累了足够养料，就从凹口开出一朵朵白色的花朵。昙花的花很大，长约30厘米，花的下部为一长筒，上部是一片片的花瓣，约有花瓣20片，花筒外面还有红紫色的尖细的裂片。开花时，花的筒部下垂但向上翘起，花的顶端有点像喇叭形，里面有多束雄蕊。待花完全开放后，花瓣就逐渐闭合，整个开花过程只有三四个小时。

关于昙花为什么只在晚上开花几个小时的原因，一般认为，应当从它的原产地的气候条件来理解。昙花原产于美洲热带的墨西哥沙漠中，那里的气候既干且热，经过长期对自然条件的适应，昙花锻炼成不怕干旱的特性。昙花的叶

退化成很小的针状，以减少水分的蒸发。白天气温高，水的蒸发量大，得不到足够的水分来进行花的开放，等晚上气温较低和蒸发量少的情况下，才能获得足够的水分进行开花。至于它在开后三四个小时就凋谢，是由于开花时全部花瓣都张开，容易散失水分，而根从沙土中吸收的水分有限，不能长期维持花瓣饱和所需的水分，在水分不足情况下，花就闭合，花瓣也很快凋谢了；另一方面，在墨西哥沙漠中，昼夜温差较大，昙花在晚上八九点钟以后才开花，可能也与当地的温度有关，晚上八九点钟以前的高温和半夜后的低温对开花都不利。它在晚上八九点钟开花三四个小时，避开了高温和低温的气候，这样对它开花最有利。昙花在长期自然选择过程中形成的遗传特性，就这样一直保留至今。

我们能否使昙花在白天开花呢？实验证明是可以的，处理的方法是在昙花出现花蕾后，至开花前三四天，白天把昙花连盆用双层黑布完全遮住，或用完全不透光的黑纸也可以，阻止外面的光线射入；在夜间，从晚上八时至次日凌晨五时，全部用人工光照。照此处理，三四天后的上午八时左右，就能看到美丽的昙花在白天开放。

事实上，各种植物的开花时间和花期的长短，都有一定的规律。例如：午时花在上午开花，晚上花落；牵牛花在早上开花，中午花谢，各有各的特性。还有不少仙人掌科植物也是在晚上才开花的，开花的时间也很短，不过它们的花小，栽培的不多，不如昙花那样引人注意。

植物的物种特性的形成，是它在生长发育过程中，与生态环境长期适应的结果，也可以说是自然选择的产物。这种遗传特性在短时期内不易改变。因此，原产墨西哥的昙花引进我国栽培达数百年，至今仍然保持它固有的在晚上开花的特性。

生物小链接

昙花不仅仅是一种植物花卉，它还具有一定的药用功效：主治肺热咳嗽、肺部咯血、心悸、失眠、清肺、止咳、化痰，治疗心胃气痛，最适用于治疗肺结核。它还具有通便去毒、清热疗喘、强健体魄的功效，还可用于治疗高血压和高血脂等。

花叶开合——含羞草真的会害羞吗

　　"你见过含羞草吗？如果你轻轻地触动它一下，它那片片开放着的羽状复叶，立即闭合起来，紧接着整个叶子又垂了下去，显出'害羞'的样子，含羞草的名称便由此而来。"小明捧着植物百科全书，一边念一边摇头晃脑地问小智："你还睡呀，我都来半个小时了，你也不理我？"

　　小智听着小明叨咕着含羞草，睡眼蒙眬地说："你等等我，我马上起床，一会告诉你含羞草为什么会害羞。"

　　小智洗漱完毕，打开电脑。小明在一边诙谐地说："哈哈，原来你也不知道呀！""我们马上不就知道了吗？"小智辩解道。

　　其实，含羞草的叶片闭合和叶柄下垂的现象，并不是"害羞"，而是植物受刺激和震动后的一种反应。这种反应在生物学上称为感性运动，是含羞草受到外界刺激后，细胞紧张改变的结果。

　　原来，含羞草的叶子和叶柄具有特殊的结构。在叶柄基部和复叶的小叶基部都有一个比较膨大的部分，叫作叶枕。叶枕对刺激的反应最为敏感。一旦叶子被碰到，刺激立即传到叶柄基部的叶枕，引起两个小叶片闭合。如果触动力大一些，不仅会传到小叶的叶枕，而且很快传到叶柄基部的叶枕，整个叶柄就下垂了，就是我们所说的开始害羞起来。

　　为什么会这样呢？这是因为，在叶枕的中心有一个大的维管束，维管束四

周充满着具有许多细胞间隙的薄壁组织。当震动传到叶枕时，叶枕的上半部

薄壁细胞里的细胞液被排出到细胞间隙中，使叶枕上半部细胞的膨胀压降低，而下半部薄壁细胞间隙仍然保持原来的膨胀压，结果引起直立的两个小叶片闭合起来，甚至整个叶子垂下来。含羞草在受到刺激后的0.08秒钟内，叶子就会闭合。受刺激后，传导的速度也是很快的，刺激之后，稍过一段时间，一切又慢慢恢复正常，小叶又展开了，叶柄也竖立起来了。恢复的时间一般为5~10分钟。但是，如果我们继续逗弄，接连不断地刺激它的叶子，它就产生 "厌烦" 之感，不再发生任何反应。这是因为连续的刺激使得叶枕细胞内的细胞液流失了，不能及时得到补充的缘故。

　　含羞草的这种特殊的本领，是有一定历史根源的。它的出生地在热带南美洲的巴西，那里常有大风大雨。每当第一滴雨打着叶子时，它立即叶片闭合，叶柄下垂，以躲避狂风暴雨对它的伤害，这是它适应外界环境条件变化的一种反应。另外，含羞草的含羞运动也可以看作一种自卫方式，动物稍一碰它，它

就合拢叶子，动物也就不敢再吃它了。

含羞草属于豆科植物，它是一种多年生半灌木状草本植物。我国南方的广东、台湾、福建、广西、云南等省区均有野生，在北方和华中一带常作为栽培植物。盆栽的含羞草的高度一般只有30厘米左右，地栽的可长到一米左右，有的直立，也有蔓生的。秋天一到，开出一朵朵淡红色的小花，很像一个个小红绒球，非常可爱。

小智一指电脑上显示的以上内容对小明说："这下明白了吗？"小明说："你就会偷工减料，不过说的基本上是正确的。算你过关了，咱们赶紧找小欣去吧。"

生物小链接

含羞草适应性强，喜欢温暖湿润的环境，在湿润的肥沃土壤中生长良好，对土壤要求不严，不耐寒，喜欢阳光，但也能适合阴暗的环境，现多做家庭内观赏植物养殖。一般生于山坡丛林中及路旁的潮湿地带。

梅花傲雪——一树独先天下春

小智和小明去找小欣，去小欣家要路过企望公园。此刻东风轻轻拂面，隆冬即将过去了，突然，小智发现公园的围墙里有一束红影在眼前飘过去，大概是奔跑速度太快的原因，没看清是什么。

小智于是转过身，回身去找那束红影。"啊，小明快看。"小智连忙去喊跑出很远的小明。"看什么？"当两个人一起来到公园墙边的时候，看到在墙内的一株树上，开满了一朵朵粉红色的花朵，花朵有大有小，两个小家伙简直不敢相信自己的眼睛了。

两个人怀着疑问，敲开了小欣的家门，进屋就问小欣："你知道你家旁边的公园里一棵树开花了吗？"小欣笑呵呵地说："前天就开花了，我还没来得及告诉你们呢，那是梅花。"他们这才知道，这个就是梅花呀。

此时小欣的妈妈走过来说："孩子们，我来告诉你们关于梅花冬天开花的秘密吧！"

梅花冒着凛冽的冰霜，赶在东风的前面，在冬末向人们展示它的妩媚，是为了给人们传来春天的信息。"万花敢向雪中出，一树独先天下春"，这就是梅花的可贵之处。古人也因此把梅跟松、竹誉为"岁寒三友"。

在冰雪中孕育花蕾，在雪里开花，这是梅花的特点。它不畏寒威、独步早春的精神历来被用来象征人们的刚强意志和崇高品质。梅花坚强不屈抗击严寒的斗争精神，实在令人钦佩。梅花那种疏影横斜的风韵，清艳宜人的幽香，也是其他花卉所不及的。

梅花有个特点，越是老干古枝，越显得苍劲挺秀，生意盎然。梅花的香气，浓而不艳，冷而不淡，没有一种花香有梅香那么清幽。古往今来，有多少诗句在吟咏和赞叹着梅花。例如，"冰雪林中著此身，不同桃李混芳尘。忽然一夜清香发，散作乾坤万里春"。

梅多为落叶小乔木，高可达10米，梅花常在冬季或早春最先开放，它的花期很长，一般20~40天。通过人工长期栽培和选育，梅已形成了果梅和花梅两大系统。果梅开花较花梅稍晚，花多单瓣，花谢之后，结出果实俗称梅子，

一般在六七月成熟。梅实球形，先绿后黄，味道很酸，凡是吃过酸梅的人，都会想起《三国演义》中望梅止渴的故事。梅的果实生吃可生津止渴，它是制作梅干、梅酒等的原料。古代曾拿它作为酸的调味品，是筵席、祭礼和馈赠不可少的东西，又是中药和医疗食品。我们通常说的梅花是指花梅，花梅多重瓣，开花后不结果实，只供人们观赏。

我国是梅花的故乡，赏梅胜地很多，如广东的大庾岭罗浮山、杭州西湖的孤山、武昌东湖的梅岭、苏州的邓尉、无锡的梅园。每逢梅花盛开的时节，香雪成海，醉人心目。若是遇上雪后赏梅，那梅花更加明丽动人。

生物小链接

梅花高风亮节，是中华民族的精神象征，具有强大而普遍的感染力和推动力。梅花象征坚韧不拔、百折不挠、奋勇当先、自强不息的龙的传人的精神品质。

榆花开放——貌不惊人的春天使者

三个小家伙听了小欣妈妈精彩的对梅花的赞美之后，聪明的小智联想丰富，问小欣的妈妈说："那梅花一般在冬春开放，是不是梅花可以称为报春使者呢？"

小欣的妈妈说："因为梅花很多时候在冬天开放，所以，不能只根据它的开放来判断春天的脚步。但能揭示春天到来的确实有一种植物，它是一种貌不惊人的树，我们生活中到处可以看到，它就是榆树。我给你们讲一讲吧。"

严冬过去，大地苏醒，春风拂煦，百鸟争鸣，草木展绿，万花吐蕊，呈现在我们眼前的世界便是一片缤纷了，可是在植物界的万紫千红中，谁是最先的报春使者呢？你们也许会想到是：报春花。其实错了。虽然报春花在春姑娘飞临时就开放，可是，就我国广阔的疆域而言，报春使者却是一种貌不惊人的小花——榆树的花，就是它，每年最早将春意遍告人间。

榆树也称白树，是我国华北、东北、西北，以及华中、华东广大地区一种常见的落叶乔木。树高一般有15~20米，有的可达25~30米。寿命也很长，一般总要在百年以上。我们都熟知榆树钱儿，那是它的果实，富有营养，可以食用。然而能注意到榆树开花的人，恐怕就不多了，这是因为它的花朵很小，在盛开时一个球形的花簇由十几朵小花组成，直径也不过一厘米左右。再加上它没有花瓣，萼片和花药呈不大醒目的褐紫色，可算得上是平淡无奇、貌不惊人了。

别看榆树的花相貌平平，不惹人注意，但却具有很重要的报春意义，因为它的花在春天到来时最先开放。当看到榆树的枝头开出小刺猬状的花簇，用指轻轻一弹，便飞散出黄色花粉的时候，人们就会知道随之而来的便是万紫千红的春天了。

在农业气象上，榆树花可作为生长期开始的标志，因为榆树开花大体是春季日均气温回升到5~6℃的气候标志，而日均气温稳定超过5℃时，植物的生长就开始了。这样，在没有气象观测的地方，就可以根据榆树开花来确定早春作物的适宜播种期了，可以说，榆树开花是春耕春种大忙季节到来的先兆。

举个例子来说，桃红柳绿是春到人间最典型的标志，为大地披上了第一身艳装。那么，能否预先知道每年桃红柳绿的发生时机呢？能。据研究，榆树的开花日期与当地桃红柳绿的发生期有一定的相关关系，人们可以依据这种关系，以榆树开花日期来推算出桃花映红、柳树泛绿的时期。喜爱大自然的朋友们便可以及时安排自己的业余活动，组织踏青旅游和其他一些季节性活动。

榆花有这么重要的报春意义，是名副其实的"报春花"。它报春的时间随气候地带的不同而不同，一般情况是，华中地区发生在二月中下旬，东北和西北一些地方要延迟到四月份。北京平均在三月中下旬之交。三个小家伙，如果有兴趣的话，马上春天将近了，你们不妨留心一下这貌不惊人的报春使者——榆树花，看看它报春的时间准还是不准？

生物小链接

榆树树干笔直，树形高大，绿荫较浓，适应性强，生长快，是城市绿化的重要树种，用作行道树、庭荫树、防护林及"四旁"绿化都很合适。在林业上也是营造防风林、水土保持林和盐碱地造林的主要树种之一。

国色天香——统领群芳是牡丹

自从小智三人听了小欣妈妈给他们讲的有关植物报春的故事之后，三个人召集了全小组的成员出谋划策，重点确立几个植物研究对象，来填补生物小组前期从来没涉足的植物类生物研究的空白。

今天下午一放学，全体小组成员一起聚在教室里，等待曲老师来给大家介绍另外一种植物，它就是我们的国花——牡丹。曲老师怕耽误大家的时间，刚刚下课，就赶过来，给小智他们的生物小组讲述关于牡丹的知识。

牡丹，被称为"花中之王"。"王者"，名不虚传。其他很多花，不是香而不艳，就是艳而不香。美人蕉、大丽菊、君子兰、扶桑等虽有艳目的颜色，却没有沁人的芳香；荷花、茉莉、桂花虽香气扑鼻，却无夺目之色。然而，牡丹却是玉笑珠香、冠绝群芳。唐代诗人有诗赞叹说："国色朝酣酒，天香夜染衣。"

在植物分类学上，牡丹属于毛茛科芍药属，落叶灌木，有高有矮，高者可达3米多。牡丹原产我国陕西山地，它的祖先是山牡丹。

牡丹在唐代以前并没有被人注意，只是把它用作药材，它的人工栽培开始于唐代。到唐开元年间，在长安等地已种得很普遍了。到宋朝，洛阳的牡丹已誉满天下，与扬州的芍药相提并论，并称天下第一。当时欧阳修曾著有牡丹"三部曲"，即《洛阳风土记》《洛阳牡丹记》《洛阳牡丹图》，书中介绍了牡丹的24个品种，记载了某些品种的来源和栽培技术，以及当时洛阳牡丹展的盛况等，是我国历史上第一部牡丹专著，至今仍有一定的学术价值。

牡丹花色缤纷，仪态万千。从花形来说，有楼子、冠子、平头、绣球、莲花、碗及盘等；从花瓣颜色来看，有红、黄、紫、白、绿、粉等，花瓣形状的变化那就更多了。牡丹的品种古时就不少，据说有370余种，其中以姚黄、魏紫最为著名。由于劳动人民的精心培育，加上牡丹容易变异，新的品种不断产生，现在我国的牡丹品种已不下千种，名贵的像淡鹅黄、锦袍红、万巾紫、凤尾白等也在百种以上。

牡丹性情喜欢阴凉而害怕炎热，喜欢干燥忌怕潮湿，尤其惧怕烈风的吹拂。山东菏泽土壤多为沙质，气候干燥，适合牡丹的种植，是它的"第二故乡"。菏泽牡丹品种繁多，其中娇容三变、烟笼紫、乌龙卧墨等品种举世闻名。

牡丹除供观赏外，还有很高的药用价值。将牡丹的根取下，洗净，剥下牡丹的外皮，阴干后便为著名中药"丹皮"。丹皮能泻伏火，散淤血，除烦热。古方中的"大黄牡丹汤"就是由大黄和牡丹调配而成的，是中医治疗阑尾炎的药品。

当然，随着我国科技水平的日益提高，随着培育技术的进一步发展，牡丹一定会有更多的优良品种出现。

生物小链接

牡丹是我国特有的木本名贵花卉，花大色艳、雍容华贵、富丽端庄、芳香浓郁，而且品种繁多，素有"国色天香""花中之王"的美称，长期以来被人们当作富贵吉祥、繁荣兴旺的象征。牡丹以洛阳、菏泽牡丹最负盛名。

高产作物——马铃薯世界趣闻

今天中午，学校食堂做的菜是土豆烧牛肉，小智、小欣和小明三个人狼吞虎咽吃得肚子发胀。下午的科学课上，小明就有点发困，小智怎么可以允许他上课睡觉呢！

于是，小明只要一低下脑袋，小智就悄悄地用脚踹他一下，到后来崔老师也发现了这个问题，于是提醒他俩注意课堂纪律。小智连忙站起来告诉崔老师说："小明土豆吃多了，发困，怎么办？"

崔老师听小智说完，被气乐了，笑呵呵地问："那老师给你们讲个故事提提神。大家想不想听听关于土豆的故事呀？""想！"大家异口同声地答道。此刻小明听到大家那么热闹，也困意全消了。崔老师接着告诉大家："我们所说的土豆，学名叫马铃薯，它是茄科植物，是当今世界上广泛栽培的一种农作物。但是人类大面积种植这种农作物却经历了一段艰难曲折颇有趣味的历史。"

马铃薯的老家在南美洲的安第斯山脉和智利的沿海地区，是当地安第斯人的主要食物之一，当地的土著人为表示对这种植物的感激之情，给它起了一个很亲切的名字叫"爸爸"。

1492年8月3日，西班牙人哥伦布的船队发现了美洲，随即便把马铃薯带回了国。不久马铃薯从西班牙传到了意大利，因为马铃薯的可食用部分结在地

下，意大利人就给它送了一个形象的名字——地豆。18世纪末，马铃薯传到了

法国。当时法国正在闹粮荒，药剂师巴尔孟奇耶看到这种植物不但高产，而且很适合在法国种植，就大力推广，但由于当时法国人对这种作物了解不多，所以种的人寥寥无几。后来聪明的药剂师请法国国王和王后出面帮忙，才出现了奇迹般的效果。法国国王和王后见马铃薯的花颜色有白有紫，形状奇特，颇为漂亮，就用它装扮自己，结果获得了意想不到的成功。大臣们看见国王和王后用这种花打扮自己，也都在自己的纽扣眼里、帽子上插上马铃薯的花，小姐太太们也把马铃薯的花当作最高贵、最时髦的装饰品。结果在整个法国一下出现了马铃薯花供不应求的局面。为了戴上这种漂亮的花，法国人开始大面积种植马铃薯，这样马铃薯栽培在法国就迅速发展起来了，它帮助法国人渡过了粮荒，并且马铃薯在法国又得到了一个漂亮的名字——地下苹果。由于看到马铃薯在法国的"丰功伟绩"，欧洲其他国家也都开始大力引种马铃薯了。

　　马铃薯是17世纪明朝末年由东南亚传入我国的。最初种的人很少，后来大家知道它既是蔬菜，又是粮食，而且产量很高，种植的人就越来越多了，而且种植面积也越来越大。据不完全统计，我国目前大约有900种左右的马铃薯品种。

尽管我们常吃马铃薯，但你能说清楚我们吃的马铃薯在植物学上是根还是茎吗？要搞清这个问题，首先要知道区别根和茎的重要标志，即是否有芽，因为根是没有芽的。所以马铃薯是茎，证据就是它身上有许多芽眼，可以发芽，但是千万记住马铃薯所发的芽子是不能吃的，因为它有毒。

生物小链接

未成熟青紫皮和发芽的马铃薯不可食用。少许发芽的马铃薯应深挖去发芽部分，并浸泡半小时以上，弃去浸泡水，再加水煮透，倒去汤汁才可食用。

急性发芽马铃薯中毒一般在食后数十分钟至数小时发病。先有咽喉及口内刺痒或灼热感，继有恶心、呕吐、腹痛、腹泻等症状。轻者1~2天自愈；重者因剧烈呕吐而会失水及电解质紊乱，血压下降；严重中毒患者有昏迷及抽搐症状，最后因呼吸中枢麻痹而导致死亡。

灵芝草——长生不老的灵丹妙药

小明的爸爸妈妈出差了，因为和小智是好朋友，所以最近小明每天一放学就先到小智家来，两人吃完晚饭，就在一起写作业。然后有时玩玩电脑，偶尔看会儿电视，大概在九点半左右，小明就回家休息。

今天的作业少，小明和小智写完之后，在房间里打开电视，搜索更换着电视节目，一种很熟悉的植物落入两个人的眼帘。"是什么？是蘑菇吗？"小明问小智。接着听到电视节目中的主持人这样的叙述。

《白蛇传》中有一出戏叫"盗仙草"，说的是白娘子为救许仙，舍命到仙山去盗仙草的故事。那仙草即灵芝。在古代中国，灵芝被赋予神奇的色彩，被认为是"长生不老药"。

听完以上的描述，两人才知道，原来他们看到的东西是灵芝。两人各自将自己所了解的关于灵芝的知识都摆了出来，还觉得意犹未尽，于是，边看电视边在网上搜索关于灵芝的有关内容。

灵芝是一种高等真菌。真菌在拉丁文的原意是蘑菇。它的特点是：具有真正的细胞核，能产生孢子而没有叶绿素，一般都能进行有性和无性繁殖。真菌的种类很多，已知道的达10万多种。我们常食用的木耳、猴头、蘑菇等都属于真菌类，灵芝也是其中的一种。

灵芝一般生长在雨量适宜、气候温暖、疏密相间的阔叶林中。在被砍伐已枯死的树桩附近地面处，或从树桩上伸出的露于地面的树根上，常可看见野生的灵芝。我们见到的灵芝称为灵芝的子实体，呈伞状，成熟的子实体木质化，它的皮壳组织革质化并呈现漆色光泽，整个子实体十分坚韧，经久不腐，颜色则以褐色为主。灵芝每年夏、秋生长，秋末终止。菌丝潜伏越冬，第二年春暖再次萌发。灵芝的菌丝无色透明。直径只有约1~3微米，具有分枝，肉眼无法看到，菌丝体经过发育可以形成子实体。

世代传说中，灵芝具有长生不老的神奇功效，其实它虽不是"长生不老"的灵丹妙药，但确实是一种滋补强体、扶正培本的珍贵药材，具有防止衰老和延年益寿的作用。现在，人们已经可以人工培植灵芝，而且成为一些地区致富的途径了。

灵芝的整个生长发育经历着从孢子到菌丝再到子实体的过程。所谓孢子是脱离亲本后能直接或间接发育成新个体的生殖细胞，它是有丝分裂或减数分裂的产物。在适宜的条件下，灵芝的孢子开始萌发，长出一次菌丝，很快一次菌丝又发育成二次菌丝，二次菌丝等待条件适宜时发育成子实体。子实体发育到后期分化出担子层，每个担子层又发育出担孢子，完成整个生长史。

由于灵芝只有在适宜的条件下才能生长发育，所以掌握灵芝的生长环境是人工培植灵芝的关键。影响灵芝生长的主要条件包括营养、温度、水分、空气、光线和酸碱度。人们通过不断实践，已经掌握了灵芝生长的适宜条件，灵芝已不再是稀有的药材了。

看了以上搜索的关于灵芝的内容，小智慨叹着说："白娘子如果早知道人工可以栽培灵芝，就不必冒死去'盗仙草'了。"

生物小链接

灵芝又称灵芝草、神芝、芝草、仙草等。中国产量最大的是江西，灵芝作为拥有数千年药用历史的中国传统珍贵药材，具有很高的药用价值，灵芝对于增强人体免疫力、调节血糖、控制血压、辅助肿瘤放化疗、保肝护肝、促进睡眠等方面均具有显著疗效。

流血红木——颜色特殊的神奇植物

下午的一堂生物课，介绍的内容可以说别开生面，因为曲老师给同学们介绍了一种鲜为人知的新奇植物，可以流出"血"的树，下面让我们看一看曲老师究竟是怎么说的吧！

一般的植物，在损伤之后流出的树液是无色透明的，有些树木如橡胶、牛奶树等可以流出白色的乳液，但你恐怕不知道，有些树木竟能流出"血"来。

我国广东、台湾一带生长着一种多年生藤本植物，叫作麒麟血藤。它通常像蛇一样缠绕在其他树木上。它的茎可以长达10多米。如果把它砍断或切开一个口子，就会有像"血"一样的树脂流出来，干后凝结成血块状的东西，这是很珍贵的中药，称为"血竭"或"麒麟汤"。经分析，血竭中含有鞣质、还原性糖和树脂类的物质，可治疗筋骨疼痛，并有散气、去痛、祛风、通经活血之效。

麒麟血藤属棕榈科有藤属。其叶为羽状复叶，小叶为线状披针形，上有三条纵行的脉。果实卵球形，外有光亮的黄色鳞片。除茎之外，果实也可流出血样的树脂。

无独有偶。在我国西双版纳的热带雨林中还生长着一种树，叫龙血树，当它受伤之后，也会流出一种紫红色的树脂，把受伤的部分染红，这块被染的坏死木，在中药里也称为"血竭"，与麒麟血藤所产的"血竭"具有同样的功效。

　　龙血树是属于百合科的乔木。 虽不太高，约10米多，但树干却异常粗壮，常常可达1米左右。它那带白色的长带状叶片，先端尖锐，像一把锋利的长剑，密密层层地倒插在树皮的顶端。

　　一般说来，单子叶植物长到一定程度之后就不能继续加粗生长了。龙血树虽属于单子叶植物，但它茎中的薄壁细胞却能不断分裂，使茎逐步加粗并木质化，而形成乔木。龙血树原产于大西洋的加那利群岛。全世界共有150种，我国只有5种，生长在云南、海南、台湾等地。龙血树也是长寿的树木，最长的可达6000多岁。

　　说来也巧，在我国云南和广东等地还有一种称作胭脂树的树木。如果把它的树枝折断或切开，也会流出像"血"一样的汁液。而且，其种子有鲜红色的肉质外皮，可做红色的染料，所以又称作红木。

　　胭脂树属红木科红木属，为常绿小乔木，一般高达3~4米，有的可到10米以上。其叶的大小、形状与向日葵叶相似。叶柄也很长，在叶背面有红棕色的小斑点。有趣的是，其花色有多种，有红色的，有白色的，也有蔷薇色的，十分美丽。红木连果实都是红色的，其外面密被着柔软的刺，里面藏着许多暗红

色的种子。

胭脂树围绕种子的红色果瓣可作为红色染剂，用以渍染糖果，也可以用于纺织品染色。其种子还可入药，为收敛退热剂。树皮坚韧，富含纤维，可制成结实的绳索。奇怪的是，如将它的木材相互摩擦，还非常容易着火呢！

生物小链接

植物虽没有红色的血液，没有红细胞，但却有类似人体内附在红细胞表面的血型物质——血型糖。不同的血型糖决定了不同的血型。植物的血型物质不仅决定着植物的血型，某些植物的"血液"是由红色、不太透明的黏性液体组成，其液体中的糖蛋白就决定了它流出来液体的颜色。

第8章　趣味生物故事

　　妙趣横生的生物世界，伴随着人类走过了漫漫长路，它们与人类共同生存在这个世界上，与人类的命运息息相关。

　　在生物五花八门的生命活动中，人类时时刻刻在关注、了解和研究着它们，其他的生物也和人类一样，有着感人肺腑的生命轨迹。

　　让我们随着小智的生物科技小组走进生物的世界，去了解它们的命运和最终的归宿。

恐龙灭绝——争论不休的各种假设

还有不到一个月的时间这个学期就结束了，小智的生物小组一年来取得了很大的成果。为了迎接期末考试，科学课和生物课要给其他学科挤出复习时间，所以两位老师决定，期末复习期间的课上给大家穿插一些生物科学小故事，使大家既学到知识，又减轻了负担。

今天是科学课，崔老师给大家主要讲述的是大家十分关心的话题——关于恐龙的灭绝。

中生代是恐龙的时代，那时恐龙几乎遍布地球上所有的地方。但是到了距今六千五百万年的白垩纪末期，恐龙，无论是巨大的还是矮小的，聪明的还是愚蠢的，敏捷的还是笨拙的，肉食的还是植食的，无一幸免全部灭绝了。统治了地球长达一亿年之久的庞然大物们以及它们的近亲在这么短的时间内很快地从地球上消失，要不是它们遗留下许多巨大的、或是奇异的已变成了化石的骨骼被人们从地层中发现，人们也许永远不会知道它们。是什么原因使得它们灭绝呢？

第一种假说是著名的"碰撞说"。这一假说是这样的：导致恐龙灭绝这场灾难的罪魁祸首是一个宇宙天体。六千五百万年前一个直径为10公里的陨石撞击了地球，它掘开一个直径约175公里的冲击坑，爆炸造成的岩石粉屑以尘埃的形式溅入同温层并迅速地散布于整个地球上空，把正常情况下到达地球表面的光线大都遮挡住了。在随之而来的黑暗中，光合作用停止了，植物不再生长，食物链的根基被破坏，恐龙以及许多其他的动物从此灭绝了。

　　苏联科学院西伯利亚分院地球化学研究所对蒙古戈壁沙漠地带的五条恐龙和一些恐龙蛋壳化石进行了研究，结果表明化石成分中有含碳酸盐的磷酸盐物质，值得注意的是化石中含有丰富的氟、硫、钡、铅以及稀土金属如钍等，而且钍的含量高达0.37%，比地壳中钍含量的百分比高80倍。有证据表明，那时的地质构造运动剧烈。火山爆发改变了生物生存的地貌和气候条件，影响了地质和化学环境，污染了食物和水质。那时生态环境中稀土元素含量已呈饱和状态，其浓度接近或达到足以使动植物致命的程度。因此有人认为地球化学变化是导致恐龙灭绝的一个重要原因，这是恐龙灭绝的第二种假说。

　　还有的科学家提出了彗星撞击假说。彗星是一种质量较小、形态特异的天体。它对生物的危害有两个方面：一是当彗星靠近地球时，其有毒成分如无色气体氰对地球的大气污染；二是当彗星与地球相遇时，如果一个大彗星撞击地球陆地，它冲击掘起的喷溅物可大于彗星本身的重量，与小行星撞击地球陆地一样，可以造成地质构造、气候的大幅度改变，引起生物的剧烈灾难。大气变热会杀死陆生动物。对白垩纪——第三纪的过渡层氧化电位研究表明，当时的海水温度大约上升了5℃。因此有些学者认为恐龙是因为天气太热引起心脏病发作而致死。

恐龙灭绝的原因到底是什么？多少年来，人们一直争论不休。除了上述三种假说之外，还有超新星爆发假说、太阳超耀斑假说等。各种假说都有各自的道理，也都有局限性。随着科学的发展，学科间的渗透和新思想新技术的应用，科学家们还在不断地探索、研究，努力找到最符合实际的答案。

生物小链接

恐龙是生活在距今大约二亿三千五百万年至六千五百万年前，能以后肢支撑身体直立行走的一类动物，支配全球陆地生态系统超过一亿六千万年之久。恐龙虽然已经灭绝，但是恐龙的后代——鸟类存活下来，并繁衍至今。

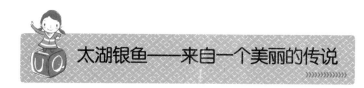

太湖银鱼——来自一个美丽的传说

"今天，我来给同学们讲一种鱼类，它叫太湖银鱼，我们从一个凄美的民间传说开始说起吧。"曲老师的生物课是从一个故事开始的。

银鱼是一种细长透明、色白如银的小型鱼类，古时候称"脍残鱼"，属于鱼纲，银鱼科。我国银鱼种类很多，常见的有大银鱼、太湖新银鱼、间银鱼等。太湖新银鱼一般长2~3寸，为太湖、巢湖春季时的重要捕捞对象。

太湖银鱼还有着一个动人故事：相传孟姜女哭倒长城后，带着满腔怨恨与悲痛回归故里，途经八百里烟波渺远的太湖，正遇着巡视江南的秦始皇。秦始皇见孟姜女貌美如花，一身素裹，无限娇美，顿起淫念，逼迫她做自己的妃子。孟姜女秉性刚烈，面对暴君，她思忖再三，提出了一个条件，要求秦始皇在太湖岸边搭个孝棚，祭过丈夫后方可进宫。秦始皇满口答允她的要求，并传旨从速办好这件事。孝棚很快搭好，孟姜女一身白色衣裙，面对太湖银波放声大哭，一连三天三夜，哭得云悲、月惨、天昏地暗，连太湖也连连涨水。第四天拂晓，太湖风平浪静，远近岛屿在蒸腾的晓雾中若隐若现，仿佛仙境一样。此时，孟姜女已声嘶力竭，但晶莹的泪水仍然扑簌簌地落下，如同断了线的珍珠。忽然，天际飘来一朵五彩祥云，秦始皇与群臣惊恐万状。这时，孟姜女大骂一声："无道暴君！"便纵身一跃跳入太湖。

孟姜女去长城时已怀了身孕。她纵身投入太湖后，秦始皇下令士兵用"滚钩"去打捞。结果，孟姜女的尸体被打捞上来了，但经过无数滚钩的钩划，尸体已被划得稀烂。肚里的胎儿也破腹而出，变成了又细又白的银鱼。人们说，秦始皇害死了孟姜女一家，孟姜女死不瞑目，她让自己尚未出世的小孩，变成小鱼活着，要看看秦始皇的下场。果然，孟姜女死后不久，秦始皇就死了。因为小银鱼是破了肚子才出来的，所以当地人又叫"破娘生银鱼"。直到现在，银鱼的繁殖方式，也一直是破腹产卵。至于江苏吴县一带的传说，说孟姜女洒泪化银鱼，或是白衣化银鱼那就更多了。这个与孟姜女有关的千古传闻，使太湖银鱼饱含着神秘色彩。总之，太湖银鱼是孟姜女的化身这一传说，江南各地都是相通的。

太湖银鱼，不仅形态美，其味也美。它无刺、无鳞、无腥、肉嫩、味鲜，含有丰富的蛋白质及脂肪、维生素B_1及B_2、碳水化合物、钙、铁、磷等营养成分，可炒、烧、熘，也可凉拌、做汤等，是民间及宴会上的传统佳肴。

生物小链接

银鱼营养丰富，肉质细腻，洁白鲜嫩，无鳞无刺，无骨无肠，无腥，含多种营养成分。冰鲜银鱼大部分出口，远销海外，人称"鱼参"。经过暴晒制成的银鱼干，色、香、味、形经久不变。银鱼可烹制成各种名菜佳肴，如银鱼炒蛋、干炸银鱼、银鱼煮汤、银鱼丸、银鱼春卷、银鱼馄饨等，都是别具风味的湖鲜美食。

罂粟花开——人类不幸悲剧的来源

1839年6月3日，清朝著名政治家、民族英雄林则徐，在广州虎门海滩当众销毁鸦片，共销毁2万多箱，一百多万公斤，史称"虎门毁烟"。

林则徐虎门销烟，沉重地打击了英国殖民者的气焰，它向全世界表明了中国人民禁毒的决心和反抗外国侵略的坚强意志。领导禁烟的民族英雄将永远受到人们的敬仰。

当崔老师用抑扬顿挫的声音精彩诠释了发生在近代中国的一次伟大壮举之后，接着问同学们："为什么要销毁鸦片，鸦片又是如何制造的呢？"同学们全都现出一脸迷惑的表情。于是崔老师接着向大家讲起来。

在植物界中，有一种叫作罂粟的植物，它是一种一至二年生的草本植物，开着美丽的花朵，结一种近似球形的直径3~6厘米的果实，当果皮呈青绿色尚未成熟时，如果用小刀划破果皮，就会有一种白色乳汁流出，这种乳汁在阳光下逐渐变成了黑褐色，晒干后就成为鸦片。

鸦片是Opium的音译，也称作阿片或大烟，Opium来源于希腊文opo，意指植物的汁。据说公元7世纪时，鸦片就由波斯传入我国。在《本草纲目》中，把罂粟叫作"阿芙蓉"，开始有了阿片或鸦片之称。据近代药物学家的分析，鸦片中含20多种生物碱，其中含量多又重要的是吗啡。吗啡是有效的药用成分，有镇痛、催眠、止咳等效用。经常使用则容易上瘾而发生慢性中毒，

出现性格变化、精神萎靡和营养不良等症状。瘾发时打呵欠，流鼻涕，坐立不安。18世纪初，英国商人便向中国输入鸦片，牟取暴利，毒害中国人民。到19世纪愈演愈烈，遭到中国人民的强烈反对，从而出现了"虎门毁烟"的壮举。

罂粟属于罂粟科罂粟属植物，它的原产地在南欧，它的花形特殊，萼片两个，花瓣四个，有红色、粉红色、白色等多种颜色，花的直径可达10厘米。子房顶部没有花柱，仅有多数呈放射形排列的柱头。果实成熟时，在柱头的下方有一轮裂孔，这时柱头就像房檐一样，可以防止雨水侵入。有趣的是，每当天气阴湿时，裂孔上的瓣会关闭孔口；而天气干燥晴朗时，裂孔的瓣又打开，借着风力摇动果实，可以将细小的种子散出。罂粟的花虽然绮丽多彩，但是由于通过它能产生鸦片，因此，在我国除少数药圃栽培外，一般禁止种植，因而人们很难看到它。

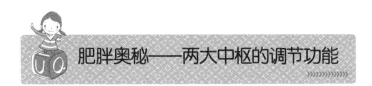

肥胖奥秘——两大中枢的调节功能

>>>>>>>>>>>

　　曲老师进了教室开场白就说："我们班级的同学，每个人高矮胖瘦不同，那么决定我们每个同学胖瘦的原因是什么呢？肥胖产生的原因有很多，今天我用人体学的生物知识给大家介绍摄食中枢和饱中枢对胖瘦的直接影响。"

　　正常成人的体重基本维持在一定水平，而且每日饭量也基本保持稳定。每次进餐前我们会有饥饿感，进餐后会有饱适感，同时还有时食欲好，有时食欲差，这些现象是由什么因素决定的呢？

　　生理学家以前认为饥饿感来自胃，是由于胃排空后造成的。但后来的研究发现，动物在切除了支配胃的神经后，虽然对饥饿感有所影响但并不消失，仍然具有饥饿感。同时他们观察到，胃被大部分切除的病人与正常人的饥饿感一样，说明胃对饥饿感没有直接影响，但饥饿时，可引起胃的收缩。人们常说的"饿得胃疼"就是这个道理。

那么饥饿感到底是如何产生的？我们在临床上观察到，垂体或下丘脑肿瘤患者中，有人出现拒绝进食或过度进食等症状。这向我们暗示，垂体或下丘脑中存在与饥饿或饱感有关的结构。

科学家通过实验证明：损伤大鼠下丘脑一定区域，动物会出现摄食量明显增加而造成肥胖，测得约40天后它的体重达到正常同龄动物的2倍以上。而用电刺激这个区域，动物则表现为拒食，证明该区能使动物产生饱感，生理学上称为饱中枢。以同样方法证明下丘脑还存在另一区域，损毁后动物不再吃食物，最终导致饥饿而死亡，而刺激这一区域则动物进食量增加，生理学上称之为摄食中枢。

食欲是指对某类食物的偏爱或厌恶，是一种心理上的状态，受感官和情绪影响很大，也与习惯或生活经验有关。除下丘脑外，脑的其他区域在食欲形成中也起着重要作用，如破坏杏仁核，动物会丧失对食物的选择能力。食欲的好坏将直接或间接影响进食量。

目前认为下丘脑摄食中枢和饱中枢中的神经细胞对血液中的葡萄糖浓度或脂类浓度变化非常敏感。当血中葡萄糖含量增加时，通过血液循环被饱中枢感受产生饱感，相反则引起摄食。

胃充胀时，将通过胃内释放的激素和所支配神经，抑制摄食中枢或降低食欲。但在脑的发育还未完全的幼儿期若过度饮食，将提高饱中枢阈值，也就是说这些儿童必须摄入比正常儿童多的食物才能产生饱感，这样必然导致幼儿的肥胖。当然，由于遗传因素的影响，天生饱中枢阈值高，也是引起儿童肥胖的原因之一。值得注意的是，如果在生长发育期间过分抑制饮食而减肥，对身体是极有害的，它容易造成摄食中枢兴奋性的降低，严重时可出现厌食症。

生物小链接

科学家寻找"肥胖"基因的努力一直没有停止，与肥胖相关的一些基因相继被阐明，但通过彻底改变一个人的基因治疗肥胖病似乎不是一种最可行的方法。实际上解决肥胖病的方法很简单：减少食物（尤其是高能量食物）的摄入（当然还要保证营养充分），增加体力活动，这样就可以最大限度地减少肥胖的发生。管好我们的嘴，就能得到一个健康的身体！

变色避敌——枯叶蝶高明的隐身术

"在昆虫王国里，我给大家介绍过竹节虫，它是生物界著名的隐身高手，除了它以外，还有许多这样的隐身高手，它们不但在体形上模拟周围环境，而且体色也尽可能地和环境保持一致，让天敌真假难辨。今天我再给大家介绍另外一种隐身高手——枯叶蝶。"生物课堂上，曲老师正在给同学们讲述关于枯叶蝶隐身避敌的故事。

枯叶蝶学名枯叶蛱蝶，是世界生物著名拟态的种类，自然伪装的典型例子。枯叶蝶又叫木叶蝶，听它的名字，人们很容易联想到树木的枯枝败叶。的确，枯叶蝶在缤纷艳丽的蝶类家族里很不起眼，但是它的隐身绝技却令人刮目相看。它可以在不同的环境下，变换自身的颜色和形状，将自己隐蔽起来，用惟妙惟肖的伪装术蒙骗天敌，保护自身的安全。

枯叶蝶从卵到成虫的四个阶段，无一不受到天敌的攻击。卵期常受到小蜂总科的昆虫寄生；幼虫期是最易受到捕食的时期，鸟类、步甲、土蜂、胡蜂、猎蝽等是蝴蝶幼虫的主要捕食性天敌，寄蝇、茧蜂、姬蜂也常寄生在它们体内，它们还常受到细菌、真菌和病毒的感染；蛹期的天敌有姬蜂、小蜂、马蜂等；成虫的天敌有鸟类、蜻蜓、盗蝇、蜘蛛、马蜂等。对于寄生性天敌来说，枯叶蝶是无力抵抗的，只能靠增加繁殖数量来补偿损失的种群。对于捕食性天敌来说，蝴蝶采取积极的防御措施，有着各种各样的防范机制。

枯叶蝶是怎样施展自己的隐身术的呢？原来，它的前翅形状很像树叶的叶尖，后翅很像树叶的叶柄，前后翅叠在一起，看起来酷似一片树叶。更令人惊异的是，在这片"树叶"上，还有一条条与叶脉十分相像的深褐色线条和近似于枯黄树叶的病斑，把它同树叶放在一起，几乎可以达到乱真的地步。当枯叶蝶遇到天敌追捕时，它便迅速地落在阔叶树的枝条上，用身体紧贴枝条，双翅并拢竖起，这时候，它就像一片枯黄的树叶一样，混杂在其他树叶之中，使得天敌难以分清哪片是虫，哪片是叶，失去了追捕的对象。

当枯叶蝶在池边饮水或在树干、花朵上觅食的时候，它也会为了自身的安全，施展隐身术。它将翅平铺在体背上，用翅面遮盖住身体，这时，它的体色会和周围环境变为一致，看起来就像是一块苔藓或菌菜。这样，它又能骗过天敌的视线，保证了自身的安全。

枯叶蝶属于大型蛱蝶，因为模拟枯叶而闻名于世，分布于陕西、四川、江西、湖南、浙江、福建、广东、台湾、海南、广西、云南、西藏等地。比其他蝶种数量少，分布区域狭小，是蝴蝶收藏的高档蝶种。

1941年，纳粹德国侵入苏联境内，苏军委托著名的蝴蝶专家施万维奇主持设计一整套蝴蝶式防空迷彩伪装，将防御、变形、伪装三种方法相互配合起来，给列宁格勒的众多军事目标披上了一层神奇的"隐身衣"，有效地防御了德国侵略军的进攻。实践证明，枯叶蝶的拟态，在军事科学上都有着重大的意义和作用。

生物小链接

枯叶蝶喜生活于山崖峭壁以及葱郁的杂木林间，栖息于溪流两侧的阔叶片上。当太阳逐渐升起，叶面露珠消失后，它们便迁飞至低矮树干的伤口处，觅食渗出的汁液。一旦受惊，立即以敏捷的动作迅速飞离，逃到高大树木梢或隐居于林木深处的藤蔓枝干上，借助模仿枯叶的本能隐匿起来，令天敌难以发现。

舐犊情深——恶兽也有慈母心肠

"中国有这么一句话叫作'虎毒不食子'，在动物界，最凶残的是老虎，可是即使如此凶残的动物，它们也同样对自己的子女非常慈爱。"生物课上，曲老师在生动有趣地给同学们讲着故事。

在动物世界中，狮、虎、豹等食肉兽类以凶残而闻名于世。然而，与它们的凶残形成鲜明对照的是，它们在对待自己的"子女"方面，却又表现得非常慈爱。

雌兽的"母爱"，首先表现在临产前为未来的"子女"寻找安全而舒适的"产房"，它拖着自己沉重的身体，不顾奔波的劳累，翻过沟沟坎坎、山山岭岭，直到选中草木丛生而且又十分隐蔽的地方才肯罢休。雌兽一旦成为母亲，那种慈母心肠表现得更为突出。为了后代的安全，从产后那天起，差不多每隔三五天就要搬一次家，怕的是在一处住久了容易被其他动物发现，伤及自己的孩子。

母兽对自己孩子的启蒙教育，也真称得上苦口婆心、循循善诱了。待到孩子退下"乳毛"换上新装，并长成相貌堂堂的"大姑娘"或"小伙子"时，母兽就开始给孩子断奶，让它们逐渐学会独立生活的本领。你瞧，在充满阳光的林中草地上，孩子们在母兽示范动作的启示下，相互追逐，彼此搏斗，爬树腾扑……更为有趣的是母兽向自己的孩子传授猎捕的技术。开始，母兽先将遇到的猎物逮住，待自己的孩子赶来时，又将猎物放掉，让孩子自行角逐，而母兽则在一旁静静观看，直到它们捕获成功。

孩子们在与大自然"真枪实弹"的搏斗中，逐渐掌握和增长了独立生活的本领。一般来讲，半岁后就基本上掌握了搜索、潜行、扑腾、迂回、扼杀等行猎的技巧。大约到一岁以后，才逐渐离开母兽，过起独立自主的新生活。

现在你可能要问，凶残的猛兽为什么在对待"子女"时是那样"慈爱"呢？

原来"母爱"是所有动物的一种基本天性，这虽然是一种复杂的行为，但却不是有意识的活动，而仅仅是属于一种先天性行为罢了。先天性行为实际上是动物在长期的进化过程中形成而由遗传原因继承下来的，它对于猛兽自身的生存和种族的延续都有重要的意义。换句话说，猛兽对"子女"的慈爱是它们传宗接代的需要，如果没有母兽对孩子无微不至的关怀和爱护，它们的孩子就不可能在自然界中众多敌害的困扰下长大，这样，它们的种族就有灭绝的危险。所以说猛兽对"子女"的慈爱是自然选择的结果，是对大自然的一种适应。

生物小链接

　　默默奉献、任劳任怨、伟大、无私等，都是形容母爱的词语，但这些说的几乎都是人类。其实，动物界的母爱同样令人感动。

　　动物界的母爱其实也比比皆是，"舐犊情深"，说的是母牛舔舐小牛表现对小牛的爱护；母狗在生下小狗后有一段时间，经常用舌头舔舐小狗身上的秽物以保证小狗干净，并且将小狗的屎尿全都舔食，以保证小狗生长环境干净；各种鸟儿总是忙忙碌碌地为窝里的小鸟捕食昆虫；母鸡遇到危险总是把小鸡隐护在羽翼下等。

铁树开花——环境带来的变化因素

　　人们常用"千年的铁树开了花，万年的枯木发了芽"来形容千载难逢的事情。的确，在我国北方，要叫铁树开花，确实是很难很难的事情。然而，生长在炎热的热带地区的铁树，十年以后就可以年年开花结果。那么，为什么铁树来到北方之后，就极难开花呢？这个学期最后的一堂科学课上，崔老师不辞辛苦地给大家讲解关于铁树也能开花的故事，同学们全都聚精会神地听着。

　　原来，铁树的原产地就在南方，那里高温多雨，铁树长期以来适应这种环境养成了喜欢湿热的习性。我国纬度较高的北方，雨量较少，气候寒冷，这对于喜热怕冷的铁树来说极为不利。因此，一旦把它种植在北方，它的生长发育便极为缓慢，往往需几十年，甚至上百年才能开花，有的甚至终生也开不了花。当然也有特殊的情况，比如，在不利于铁树开花的重庆北温泉，有一棵百岁铁树自1929～1945年，却年年开花，这或许是与铁树生长在温泉附近有关。

据说当铁树即将枯萎时，只要在它的根部加些铁屑，便可复苏。所以，铁树得名"苏铁"。铁树的主干直立挺拔，通常不分枝，其势庄严刚强。它的顶端簇生着大型的叶子，叶的质地非常坚硬，叶柄的两侧有锥形尖刺。叶子脱落后在树干上留下明显的痕迹，树皮变得又粗糙又结实，好像穿上了一身铠甲。羽毛状的大叶如同凤尾，因此，有人叫它凤尾蕉或凤尾松。铁树的高度随生活地区不同而不同，北方见到的铁树又矮又小，几十年也不过一米左右，而我国广东的铁树可长到4米左右，在原产地，则高达20多米。

铁树属于苏铁科的植物，它和银杏、水杉、银杉等同属于裸子植物，但它的起源更早些。铁树分雌雄两种，一般七八月间开花，花开在茎干的顶部。雄花初开时颜色鲜黄，成熟以后，逐渐转为褐色。十月间种子成熟，铁树的种子圆圆的，颜色鲜红，很像一个个红色的小鸡蛋，有"凤凰蛋"之称。

铁树树形美观、庄严肃穆，可供观赏。若在室内、楼前摆上几棵盆栽苏铁，显得格外庄重。此外铁树茎内含有丰富的淀粉可供食用；种子富含油和淀粉也可食用，但有微毒，不可多食。叶和种子还能用药。它的花性平、味甘、无毒，也可用药，可治吐血、咳血、跌打损伤等疾病。

铁树作为一种热带植物，喜欢温暖潮湿的气候，不耐寒冷。在南方，人们一般把它栽种在庭院里，如果条件适合，可以每年都开花。如果把它移植到北方种植，由于气候低温干燥，生长会非常缓慢，开花也就变得比较罕见了。由此看来，"铁树开花"这个成语，一定是一位北方人创造的。

生物小链接

在我国的四川省攀枝花市，有一大片天然的铁树林，至少在十万株以上。那里的铁树一旦长成，雄铁树每年都开花，雌铁树一两年也要开一次。当地举办了一年一度的"苏铁观赏节"，到这里旅游的中外人士对此赞不绝口。

鹊桥相会——喜鹊帮忙有争端

相传每年农历七月初七是牛郎织女在银河两旁借着鹊桥来相会的日子。牛郎织女本是一对恩爱夫妻，为了拆散他们，王母娘娘命天神逼迫织女上天，牛郎闻讯带着两个孩子追来，王母用玉簪划了一条银河，从此让他们隔河相望。这事感动了喜鹊神，命令所有喜鹊在七月初七都到天上来，头尾相接，在银河上架起一座鹊桥，让他们夫妻得以相会。这是一个美丽的传说。

可是每年到七月初七前后，确实是难以见到喜鹊，当然它们不是上天架桥去了，那么喜鹊究竟到哪里去了呢？这需要从它们的生活习性谈起。曲老师在这个学期最后一节生物课上，给同学们讲述了关于喜鹊的精彩故事。

喜鹊属于留鸟，遍布我国各地。它们平常栖身居住在高大的树上，多成对活动，偶尔可见到三四对一起活动。每年初春进入繁殖期。喜鹊的巢筑在高大树木的枝杈上，巢用小树枝搭成球形，里面还铺有苇草、毛发、柔软的羽毛或者碎纸破布条等。喜鹊的巢穴很深并且顶部有盖，因此可以防雨。喜鹊一次产蛋5~8枚，由雌鸟孵卵，十七八天后，雏鸟即破壳而出。雏鸟身体裸露，四五天后睁眼。雌雄共同保护幼雏和喂食，还要教幼鸟学会飞翔、觅食以及如何对付敌害等本领。

每年八月份前后，喜鹊经过了炎热的夏天和繁殖期的疲劳，就进入了换羽毛期，把已经残缺不全的夏天的羽毛脱下来，换上一身柔软多绒的冬装。鸟类在一年中通常要换两次羽毛，在繁殖结束后所换的羽毛，称为"冬羽"；冬季末及春季所换的羽毛，称为"夏羽"。在这新旧羽毛交替之际，它们的飞翔能力减弱了，活动范围也减小了。因此，在这段时间就不易见到它们了。所以，每年农历的七月初七，恰恰是公历的八月份前后，当然看不到喜鹊来来回回在天空中飞翔的身影了。

虽然鹊桥相会只是民间的一种神话，却反映出喜鹊是一种人们所喜爱的鸟。它除两肩各有一大块白斑及腹部为白色外，全身均为黑色，黑白分明，拖着一条长长的尾巴，叫声清脆响亮，一边叫，一边尾巴还上下翘动，样子很可爱。民间有句俗话说："喜鹊叫，喜事到。"难怪传说中各种助人为乐的好事，都由喜鹊来承担了。

生物小链接

喜鹊是适应能力比较强的鸟类，在山区、平原都有栖息，无论是荒野、农田、郊区、城市，都能看到它们的身影。但是一个普遍规律是人类活动越多的地方，喜鹊种群的数量往往也就越多，而在人迹罕至的密林中则难以见到它们的身影。

喜鹊常结成大群成对活动，白天在旷野农田觅食，夜间在高大乔木的顶端栖息。喜鹊是很有人缘的鸟类之一，喜欢把巢筑在民宅旁的大树上，在居民点附近活动。

参考文献

[1]高岩.优秀青少年科普趣味读物[M].北京：朝华出版社，2011.

[2]青少年科普图书馆文库编委会.野生动物世界[M].上海：上海科学普及出版社，2011.

[3]王俊.青少年应该知道的人类生物学[M].北京：团结出版社，2009.

[4]布莱克.微生物学原理与探索[M].蔡谨，主译.北京：化学工业出版社，2008.

[5]吕鸿声.昆虫病毒分子生物学[M].北京：中国农业科技出版社，1998.

[6]詹惠民.生物趣闻•鸟类[M].重庆：西南师范大学出版社，1988.

[7]叶宝兴.生物科学基础实验(植物类)[M].北京：高等教育出版社，2007.